U0361814

职业教育建筑设计类专业系列教材

居室空间设计

主　编　陈　舒　陈　乔
副主编　胡　敏　林佳昕　唐　娟
参　编　冯艳霞　罗　玲　吴佩婧
　　　　王前敏　施虹秀　杨华荣

机械工业出版社

本书根据居室空间设计的特点，以岗位能力培养为本位，以实际项目为主线，对接室内设计职业，将学习过程工作化。本书共10个项目，内容包括居室空间设计基础、居室空间设计风格、居室空间专项设计、起居室空间设计、餐厅空间设计、卧室空间设计、书房空间设计、厨房空间设计、卫生间空间设计、玄关和阳台空间设计，同时将室内设计1+X职业技能等级证书标准对居室空间设计的相关要求融入书中。

本书可供中职学校和中高职衔接院校的建筑装饰技术、建筑室内设计、室内设计、环境艺术设计等相关专业教学使用，也可作为建筑装饰行业从业人员的学习参考资料和岗位培训教材。

为便于教学，本书配有电子课件、微课视频、习题、习题答案等教学资源。凡使用本书作为授课教材的教师，均可登录机工教育服务网（www.cmpedu.com）下载课件、习题和习题答案；扫描书中二维码，即可观看微课视频。此外，读者还可加入机工社建筑设计交流QQ群（492524835）交流、讨论、获取资源。如有疑问，请拨打编辑电话010-88379375。

图书在版编目（CIP）数据

居室空间设计 / 陈舒，陈乔主编. -- 北京 : 机械工业出版社, 2024. 9. -- (职业教育建筑设计类专业系列教材). -- ISBN 978-7-111-76662-9

Ⅰ. TU241

中国国家版本馆 CIP 数据核字第 20242K2V90 号

机械工业出版社（北京市百万庄大街22号　邮政编码100037）

策划编辑：陈紫青　　　　　　责任编辑：陈紫青
责任校对：肖　琳　李小宝　　封面设计：马若濛
责任印制：郜　敏
中煤（北京）印务有限公司印刷
2025年1月第1版第1次印刷
210mm×285mm · 10.75印张 · 279千字
标准书号：ISBN 978-7-111-76662-9
定价：55.00 元

电话服务　　　　　　　　　网络服务
客服电话：010-88361066　　机 工 官 网：www.cmpbook.com
　　　　　010-88379833　　机 工 官 博：weibo.com/cmp1952
　　　　　010-68326294　　金 书 网：www.golden-book.com
封底无防伪标均为盗版　机工教育服务网：www.cmpedu.com

前　言

"居室空间设计"是建筑装饰技术专业核心课程。本书以《国家职业教育改革实施方案》为纲领，依据现行相关职业教育专业基本要求和教学标准等指导文件和研究成果进行编写，并落实党的二十大精神，推进产教融合，教材内容对接岗位标准，把学生职业技能培养放在教与学的重要位置上。

本书力求反映居室空间设计的新技术、新工艺、新设备，使学生掌握各类型空间设计技巧，提高学生设计能力，开拓学生设计思维。具体内容学时分配如下。

教学内容	建议学时
居室空间设计基础	6
居室空间设计风格	10
居室空间专项设计	8
起居室空间设计	8
餐厅空间设计	4
卧室空间设计	10
书房空间设计	6
厨房空间设计	6
卫生间空间设计	2
玄关和阳台空间设计	4
总计	64

本书特色如下。

1. 体现类型教育，突出职教特色

本书是校企合作编写的成果，内容基于室内设计岗位对知识、技能和素质的要求以及行业发展的需要来确定，同时融合了相关职业资格证书对知识、技能和态度的要求，突出对学生职业能力的训练。

2. 设计基于工作过程的情景教学

学生带着工作任务完成学习任务，完成工作任务的过程即完成学习过程。同时，本书还配有学习评价和学习反馈等数字配套资料。

3. 线上资源与线下教材密切配合的新形态一体化教材

本书配有课程资料素材、案例及视频，让教材的内容更加形象、直观和生动，拓展教材知识并创建了全新的教学环境。

本书由成都职业技术学校陈舒和成都工业职业技术学院陈乔担任主编，成都工业职业技术学院胡敏，成都职业技术学校林佳昕、唐娟担任副主编。具体编写分工如下：项目一由胡敏编写；项目二由陈舒编写；项目三由陈乔编写；项目四由唐娟编写；项目五由成都职业技术学校杨华荣编写；项目六由林佳昕编写；项目七由成都职业技术学校罗玲编写；项目八由成都职业技术学校冯艳霞编写；项目九由成都职业技术学校施虹秀编写；项目十由成都红枫装饰工程有限公司王前敏、成都职业技术学校吴佩婧编写；全书由陈乔进行统稿与校核，陈舒进行文稿整理。长安大学建筑学院教授姜峰对本书内容编排提出了宝贵意见，在此表示感谢。

本书参考了大量论著，引用一些图片，未能一一标明出处，在此对相关作者致以由衷的感谢。由于编者水平有限，教材中难免会有错误和不足之处，希望读者批评指正。

编　者

2023 年 8 月

二维码视频列表

（续）

项目	任务	二维码	页码	项目	任务	二维码	页码
项目三	3.3	采光和基础照明知识	43	项目五	5.4	餐厅空间界面设计	79
项目三	3.3	居室空间照明布局设计	44	项目六	6.1	卧室空间设计概述	91
项目三	3.3	居室空间常用灯具的类型和选择	47	项目六	6.3	卧室空间的分类	94
项目三	3.4	色彩的基础与情感	49	项目六	6.3	主卧空间设计	94
项目四	4.1	起居室空间功能与设计原则	56	项目六	6.3	儿童房设计	95
项目四	4.2、4.3	起居室空间布局与尺度	58	项目六	6.4	卧室空间界面设计	96
项目五	5.3	餐厅空间规划与平面布局	76	项目七	7.1	书房设计	107

（续）

项目	任务	二维码	页码	项目	任务	二维码	页码
项目八	8.3	厨房空间规划与平面布局	122	项目九	9.3	卫生间空间规划与平面布局	135
项目八	8.4	厨房空间界面设计	125	项目十	10.1	玄关空间布局与规划	145
项目九	9.1	卫生间设计概述	131	项目十	10.2	阳台空间布局与规划	151

目 录

前言

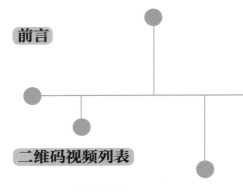

二维码视频列表

项目一

居室空间设计基础

项目概述

本项目介绍了居室空间设计的定义与内容、理念与原则、空间构成、基本流程以及人体工程学在居室空间设计中的应用等。

知识链接

1.1 居室空间设计的定义与作用

一、居室空间设计的定义

居室空间设计概述

从狭义上说，居室空间是家庭生活方式的体现；从广义上说，居室空间是社会文明的表现。

家是住宅的内容，而住宅便是家的包装，如图 1-1 所示。

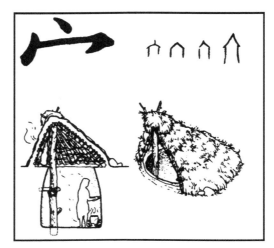

图 1-1 "家"的涵义

居室空间设计是一门综合性学科，集功能、艺术、技术于一体，融合自然、社会、人文、艺术等多学科知识，如图 1-2 所示。居室空间设计需以人为中心，体现出建筑、人、空间、时间之间的有机联系。

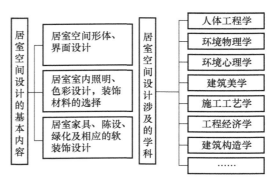

图 1-2 居室空间设计的基本内容及涉及的学科

二、居室空间设计的作用

1）提高室内造型的艺术性，满足人们的审美需求。

2）保护建筑主体结构的牢固性，延长建筑的使用寿命。弥补建筑空间的缺陷与不足，加强建筑的空间序列效果。增强构筑物、景观的物理性能，以及辅助设施的使用效果，提高室内空间的综合使用性能。

3）协调好建筑、人、空间三者间的关系。

居室空间设计内容与户型分类　1.2

一、居室空间设计内容

居室空间设计的内容，包括居室空间的形象塑造、物理环境设计、陈设艺术设计，如图 1-3 所示。设计过程中，应考虑居室空间的声、光、热及空气等客观环境因素。

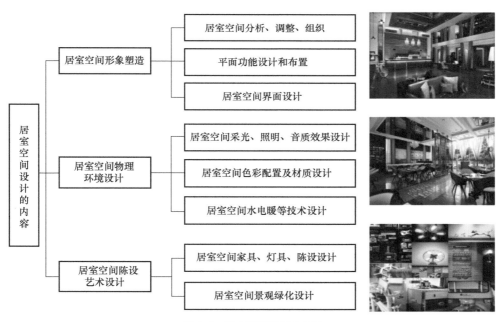

图 1-3　居室空间设计的内容

二、居室空间户型分类

居室空间户型可分为平层式、错层式、跃层式、叠拼式、联排式、独栋式。

1. 平层式

平层式居室空间的地面为基本水平。一般平层式的面积 ≤ 200m² （适合大多数人的居住要求），大平层式（平墅）的面积 ≥ 200m²，如图 1-4 所示。

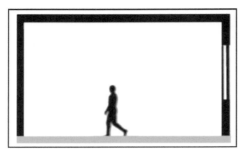

图 1-4　平层式居室空间

2. 错层式

错层式居室空间的地面有 300~600mm 的高度差异，如图 1-5 所示。

图 1-5　错层式居室空间

3. 跃层式

跃层式居室空间不止一层（通常为两层），如图 1-6 所示。

图 1-6　跃层式居室空间

4. 叠拼式

叠拼式居室空间一般为多层建筑，分为上、下两个独立户型，分别提供给两家人居住，下叠住户拥有花园和地下室，上叠住户则拥有屋顶花园或者大露台，每户都拥有独立的入户大门，如图 1-7 所示。

5. 联排式

联排式居室空间一般为低层或多层建筑，自上而下划分为两个或多个独立的居住单元，又称类别墅，如图 1-8 所示。

图 1-7 叠拼式居室空间

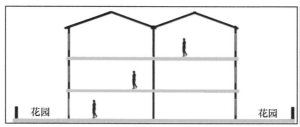

图 1-8 联排式居室空间

6. 独栋式

独栋式居室空间一般是指一户人家拥有一栋完全独立的建筑，有完全独立而封闭的墙体，独立的绿地或者院落、独立的入户门等，如图 1-9 所示。

图 1-9 独栋式居室空间

居室空间设计理念与原则 | 1.3

一、居室空间设计理念

1. 环境为源、以人为本

室内环境非常重要。设计者始终需要把人对室内环境的需求放在设计的首位，包括物质和精神两方面。室内环境设计应以"高舒适、高能效和绿色环保于一体"为原则。

在进行室内空间的组织、色彩和照明的选用、室内环境氛围的烘托等过程中，更需要研究人们的行为心理、视觉感受。

2. 系统与整体的设计观

现代居室空间设计的立意、构思，居室空间风格和环境氛围的创造，需要着眼于对环境整体、文化特征以及建筑物的功能特点等多方面的考虑。

现代居室空间设计，从整体观念上来理解，应该视为环境设计系列中的一部分。这里所提到的"环境"包含以下两层涵义。

1）居室空间环境包括视觉环境、空气质量环境、声光热等物理环境、心理环境等多个方面。

2）把居室空间环境看成"自然环境—城乡环境（包括历史文脉）—社区街道、建筑室内外环境—室内环境"中的组成部分，这一环境系列的各有机组成部分相互之间有许多前因后果，或相互制约和提示的因素存在。

纵观整个建筑史，无论是中国古典建筑，还是西方古典建筑和西方现代建筑，建筑和室内的设计都是和谐统一的，如图 1-10 所示。

现代主义建筑大师柯布西耶的代表作——朗香教堂
这是一座神秘而富有诗意的建筑。其外观雄浑刚劲，如有机体般蕴含生命力，并且加入了许多隐喻。教堂的内部被巨大的实体包围着，被幽暗的气氛笼罩着。建筑外观造型和室内空间交相辉映、完美统一。

图 1-10　建筑与室内和谐统一的朗香教堂

3. 科学性与艺术性的结合

在创造居室空间环境时，要高度重视科学性、艺术性及其相互结合。随着社会生活和科学技术的进步，人们的价值观和审美观也在不断改变，室内设计必须充分重视并积极运用当代科学技术的成果，包括新型的材料、结构体系和施工工艺。

4. 时代感与传统、地域文化的融合

人类社会的发展，不论是物质技术的，还是精神文化的，都具有历史延续性。在生活居住、旅游休息和文化娱乐等类型的室内环境里，都可以因地制宜地采取具有民族特点、地方风格、乡土风味的设计手法，并充分考虑历史文脉的延续和发展。

5. 生态和可持续的发展观

生态设计又称为绿色设计，其目的就是尽量采用清洁能源和循环发展等方式，使资源的利用率最大化、污染物排放量最小化。

可持续发展是指应该在不牺牲未来几代人需要的情况下，满足我们这代人的需要的发展。这种发展模式是不同于传统发展战略的新模式。

居室空间设计必须重视绿色发展、循环发展，充分考虑节能减排绿色设计在居室空间中的应用。

二、居室空间设计原则

1. 功能性设计原则

居室空间设计的功能性原则包括满足人们的需求，维护主体结构不受内外边界的破坏。

2. 经济性设计原则

居室空间设计的经济性原则要求根据室内建筑的实际特性和用途来确定设计标准，避免漫无目的地提高制造标准，片面关注艺术效果，导致经济浪费。当然，也不能盲目降低标准，从而影响施工质量。

3. 美观性设计原则

居室空间设计的美观性原则要求在保证室内空间功能性的基础上，还应满足人们的审美需求，创造出符合大众美学原则的设计，让居住其中的人们能享受空间美学所带来的快乐。

4. 适合性设计原则

居室空间设计的适合性原则，要求我们对设计进行详细的计算，以便能够更好地通过施工将设计变为现实。因此，居室空间设计必须是可行的、适合的，并且要求施工方便、易于操作。

5. 个性化设计原则

居室空间设计需要满足客户的个性化需求，让每一位客户均可按照自己的需要，定制自己想要的风格、款式、规格等，以满足自己对装修的整体要求。居室空间个性化设计应从客户角度出发，设计出既美观又实用的作品。

6. 文化的观念

居室空间设计应该尊重每一位客户的文化背景和观念，设计师应遵循文化变迁以及当地文化的特点，适应时代发展潮流，设计出具有一定文化内涵的作品。

居室空间构成　1.4

居室空间一般由起居室、餐厅、卧室、书房、厨房、卫生间、玄关等构成。由于居室空间的大小不同，因此各空间的功能可根据客户需求的不同进行个性化设计。

一、按功能划分

根据空间中功能的主次以及特点不同，可以将居室空间分为主要使用空间、辅助使用空间和交通联系空间，如图 1-11 所示。

空间构成与设计
基本流程

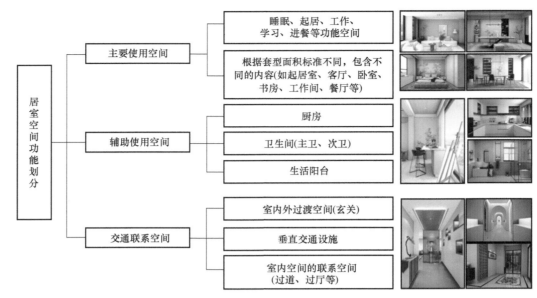

图 1-11　居室空间功能划分

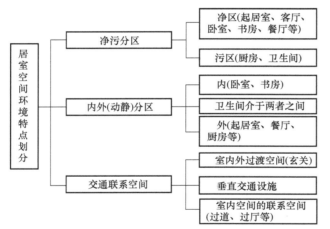

图 1-12　居室空间环境特点划分

这些功能因素又形成环境的动与静、干与湿、群体（公共）与个人（私密）、外向与内敛等不同形式的分区。

二、按环境特点划分

居室空间以全家活动为中心，实现公私分离、食宿分离、动静分离。合理安排设备、设施和家具，并保证稳定的布置格局。把握交通流线的因素，尽量减少相互穿行干扰，做到"动—静"和"净—污"分区合理，以使各个空间的关系顺畅有序，如图 1-12 所示。

1.5　居室空间设计的基本流程

居室空间设计过程的总体要求可以概括为：大处着眼、细处着手，总体把握与细部深入推敲相结合；从里到外、从外到里，局部与整体协调统一；意存笔先或笔意同步，立意与表达并重，如图 1-13 所示。

居室空间设计的基本流程主要包括：设计准备阶段、方案设计阶段、方案深化设计阶段、设计实施阶段、设计评价阶段。

1. 设计准备阶段

设计准备阶段的工作内容见表 1-1。

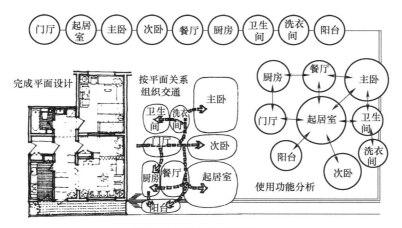

图 1-13 居室空间设计过程

表 1-1 设计准备阶段的工作内容

工作项目	工作内容
调查研究	1. 定向调查（建设单位意见、设计等级标准、造价、功能风格等要求） 2. 现场调查（将建筑图、结构图、设备图与现场进行核对，同时对周围环境进行了解） 尺寸复核、了解建筑结构、空间形式、楼梯通道位置、楼层、消防器材类型及安装位置、交通及周边环境、未来规划等
收集资料	1. 建筑工程资料（建筑图、结构图、设备图） 2. 查阅同类设计内容的资料 3. 调查同类设计内容的建筑室内设计 4. 收集有关规范与定额
方案构思	1. 整体构思形成草图（包括透视草图） 2. 比较各种草图并从中选定一种

2. 方案设计阶段

方案设计阶段是在设计准备阶段的基础上，进一步收集、分析，运用与设计任务有关的资料与信息，构思立意，进行初步方案设计，并进行方案的分析与比较。确定初步设计方案，提供设计文件。方案设计阶段的工作内容见表 1-2。

表 1-2 方案设计阶段的工作内容

工作项目	工作内容
确定设计方案	1. 征求建设单位的意见 2. 与建筑、结构、设备、电气设计方案初步协调 3. 完善设计方案
完成设计	1. 设计说明书 2. 设计图样（平面图、立面图、剖面图、效果图）
提供装饰材料实物样板或图片	1. 墙纸、地毯、窗帘、面砖等 2. 家具、灯具、设备等
编制工程概算	根据方案设计的内容，参照定额，测算工程所需费用
编制投标文件	1. 综合说明 2. 工程总报价及分析 3. 施工组织、进度、方法及质量保证措施

居室空间初步设计方案的文件通常包括以下几个。

① 平面图（包括家具布置），常用比例为 1∶50、1∶70、1∶100。

② 室内立面展开图，常用比例为 1∶30、1∶50。

③ 顶面布置图（包括顶面造型、灯具、风口等布置），常用比例为 1∶50、1∶70、1∶100。

④ 室内透视图（徒手绘制草图，用草图大师绘制，或者 3D 效果图）。

⑤ 室内装饰材料饰样版面（墙纸、地毯、窗帘、室内纺织面料、墙地面砖及石材、木材等均用实样，家具、灯具、设备等用实物照片）。

⑥ 设计意图说明和造价概算。

3. 方案深化设计阶段

方案深化设计阶段的工作内容见表 1-3。

表 1-3　方案深化设计阶段的工作内容

工作项目	工作内容
完善方案设计	1. 对方案设计进行修改、补充 2. 与建筑、结构、设备设计专业充分协调
完成施工文件	1. 提供施工说明书 2. 完成施工图设计（施工详图、节点图、大样图）
编制工程预算	1. 编制说明 2. 工程预算表 3. 工料分析表

4. 设计实施阶段

设计实施阶段的工作内容见表 1-4。

表 1-4　设计实施阶段的工作内容

工作项目	工作内容
与施工单位协调	向施工单位说明设计意图、进行图样交底
完善施工图设计	根据施工情况对图样进行局部修改、补充
工程验收	会同质检部门和施工单位进行工程验收
编制工程决算	1. 编制说明 2. 工程决算表 3. 工料分析表

5. 设计评价阶段

当工程施工完成后，室内设计的过程其实并没有真正结束，室内设计效果的好坏还要经过客户使用后的评价才能确定。室内设计工程只有通过使用后的评价才能知道设计中的优点和不足，才能更好地总结经验教训，在以后的实践中改进设计，不断提高设计水平。

人体工程学在居室空间设计中的应用 | 1.6

一、人体工程学的定义

人体工程学是一门研究人在某种工作环境中的解剖学、生理学和心理学等方面的各种因素；研究人和机器及环境的相互作用；研究人在工作中、家庭生活中和休闲时怎样统一考虑工作效率、人的健康、安全和舒适等问题的学科。

人体工程学在居室
空间设计中的应用

二、人体工程学在居室空间设计中的作用

根据人体工程学中的有关统计数据，可依据人体尺度、心理空间、人际交往的空间及使用人数、使用空间的性质等来确定空间范围。影响空间范围的因素很多，其中主要因素包括人体尺度、人的活动范围、家具及设备的尺寸等，如图 1-14 所示。因此，在确定空间范围时，首先要准确测定出人在立、坐、卧时的平均尺寸，其次要测定出人在使用各种家具、设备和从事各种活动时所需空间范围的面积和高度。此外，还应确定使用各种空间的大致人数。

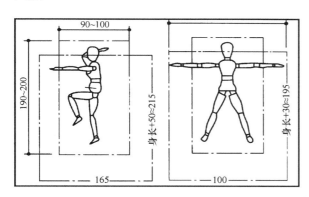
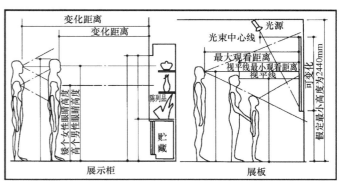

图 1-14　人体尺度与家具尺寸

借助人体工程学所提供的光、声、热、舒适度等物理数据，可以进行各种功能空间的设计，并对各种空间的装饰材料进行恰当选择，从而使室内空间环境符合人的生理及心理要求。

人体工程学对感觉要素的计测（计算与测量）为室内环境设计提供了科学依据。其中，感觉要素包括视觉、听觉、触觉等。例如，人眼的视力、视野、光觉、色觉都是视觉的要素，人体工程学通过计测得到的数据，为室内照明设计、室内色彩设计、视觉最佳区域设计等提供了科学依据。

三、家具设备尺寸与人体工程学

家具是室内的主要因素之一，家具设计中的尺寸、造型、色彩及其布置方式都需符合

人体生理、心理尺度及人体各部位的活动规律，从而达到安全、实用、方便、舒适、美观等目的。人体工程学的重要内容是人体测量，包括人体各部分的基本尺寸、人体肢体活动尺寸等，这为家具设计提供了精确的设计依据，从而便于科学地确定家具的最优尺寸。图 1-15 为居室厨房家具设备尺寸与人体活动。

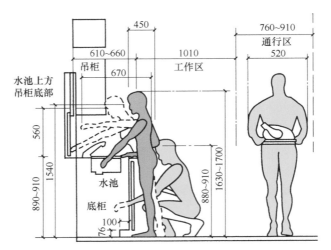

图 1-15　居室厨房家具设备尺寸与人体活动

项目二

居室空间设计风格

项目概述

本项目主要介绍传统风格、现代风格、自然风格与其他风格的特征与设计要点，并根据给定户型图，选择相关风格的常用材料、配色、陈设品等。

2.1 传统风格

传统风格的室内设计，在室内布置、线型、色调及家具、陈设的造型等方面，吸取传统装饰"形""神"的特征，常给人们以历史延续和地域文脉的感受，使室内环境突出民族文化渊源的形象特征。

一、古典中式风格

古典中式风格如图 2-1 所示，其特点是集中体现中国传统文化、东方哲学和生活修养。以宫廷建筑为代表的中国古典建筑艺术设计风格，其特点是空间大、进深宽，装饰材料以木材为主，色彩讲究对比，室内布局多采用对称形式，图案多龙、凤、龟、狮等。

中式风格

图 2-1　古典中式风格设计效果图

古典中式风格总体布局对称均衡，端正稳健，在装饰细节上崇尚自然情趣，花鸟鱼虫等精雕细琢、富于变化，充分体现出中国传统美学精神。古典中式风格在常用材料、家具、配色、饰品和造型方面的设计要点见表 2-1。

表 2-1　古典中式风格设计要点

项目	包含内容及图例
常用材料	重色木材　文化石　青砖/青砖壁纸　字画壁纸　亮色系丝绸
常用家具	明清家具　坐墩　案类家具　博古架　榻　隔扇　中式架子床
常用配色	中国红　黄色系　棕色系　　蓝色+黑色
常用饰品	宫灯　青花瓷　屏风　中国结　文房四宝　书法　木雕　佛像
常用造型	垭口　藻井　窗棂　镂空造型　月洞门　回字纹 冰裂纹　牡丹图案 龙凤图案　福寿字样

二、古典欧式风格

古典欧式风格（图 2-2）追求华丽、高雅，具有很强的文化韵味和历史内涵。古典欧式风格有以下六种：罗马风格、哥特式风格、文艺复兴风格、巴洛克风格、洛可可风格、新古典主义风格。古典欧式风格在空间上追求连续性，追求形体的变化和层次感，因此无论是家具还是空间都具有造型感，少见横平竖直，多带有弧线。材料选择与整体构成相吻合，石材拼花体现了古典欧式风格的大气。

图 2-2　古典欧式风格设计效果图

古典欧式风格在常用材料、家具、配色、饰品和造型方面的设计要点见表 2-2。

表 2-2　古典欧式风格设计要点

项目	包含内容及图例						
常用材料	石材拼花	仿古砖	镜面	护墙板	花纹墙布	雕花实木	软包材料　天鹅绒
常用家具	贵妃沙发	兽腿家具	欧式四柱床	床尾凳			
常用配色	白色系	黄色系	金色	红色	棕色系	青蓝色系	
常用饰品	大型灯池	水晶吊灯	地毯	罗马帘	西洋钟　西洋画	欧式红酒架	雕像
常用造型	罗马柱	壁炉	浮雕	拱顶	花纹石膏线	门套	拱门

知识拓展——大马士革花纹

从罗马文化全盛时期开始，大马士革花纹普遍装饰于罗马皇室宫廷、高官贵族府邸，因此大马士革花纹带有浓重的帝王贵族气息，是一种显赫地位的象征，这股风潮延续到文艺复兴时期。

这些图案美丽的织物通过丝绸之路销往欧洲各地，很快就风靡于欧洲宫廷、皇室、教会等上层阶级。由于繁复的制作工艺，千年以来大马士革一直都是宫廷、教会的专属。

大马士革花纹的主要设计元素来源于一种地中海植物——莨苕。它的叶子宽大，叶边带刺。这种植物非常出名，它象征智慧、艺术和永恒，它的形象广泛应用于欧式花纹中，如图2-3所示。

莨苕　　　　莨苕叶片　　　盾型图案大马士革花纹

图2-3　大马士革花纹

图2-4　传统日式风格

三、传统日式风格

日式风格

传统日式风格（图2-4）又称和风、和式风格，采用木质结构，不尚装饰。其空间意识极强，形成"小、精、巧"的模式，利用檐、龛空间，创造特定的光影。明晰的线条，纯净的壁画，极富文化内涵。室内宫灯悬挂，伞作造景，格调简朴高雅。

传统日式风格在常用材料、家具、配色、饰品和造型方面的设计要点见表2-3。

表2-3　传统日式风格设计要点

项目	包含内容及图例				
常用材料	木质建材	纸质材料	竹质材料	草编藤类	麻
常用家具	榻榻米	日式茶桌	天地袋柜体		
常用配色	原木色	白色	米黄色	浊色	
常用饰品	浮世绘装饰画	招财猫	和服人偶工艺品	枯枝装饰	障子推拉格栅　草编席子
常用造型	清波花纹	海浪花纹	碎花花纹	锦鲤花纹	

知识拓展——障子纸

障子门和障子纸在我国盛唐时期传到日本，并在日本流行起来。障子纸被称为"会呼吸的纸"，在传统日式风格中作为遮挡材料。

障子纸由天然纸浆、亚麻、蚕丝、人造纤维丝等制成，很难撕破，不会变色，并且使用寿命长。

障子纸可抵挡紫外线，吸附空气中的焦油色素和有毒气体，因此也被称为"空气过滤机"。

由障子门创造出传统日式风格的环境，夜间开启照明后障子纸自身具有柔和的反射效果，可以营造温馨的氛围。

现代风格 2.2

现代风格是工业社会的产物，起源于 1919 年的包豪斯学派。现代风格提倡突破传统，创造革新，重视功能和空间组织，注重发挥结构构成本身的形式美，造型简洁，反对多余装饰，崇尚合理的构成工艺；尊重材料的特性，追求材料自身的质地和色彩配置效果；强调设计与工业生产的联系。

一、现代中式风格

现代中式风格（图 2-5）其实就是经过改良的古典主义风格，它一方面保留了材质、色彩的大致风格，使人仍然可以很强烈地感受到历史的痕迹与浑厚的文化底蕴，另一方面又摒弃了过于复杂的肌理和装饰，简化了线条。

古朴典雅

怀古融今

简约时尚

图 2-5　现代中式风格设计效果图

现代中式风格是中式风格在现代意义上的演绎，它在设计上汲取了唐、明、清时期家居理念的精华，在空间上富有层次感，同时改变了原有布局中"等级""尊卑"等封建思想，给传统家居文化注入了新的气息。现代中式风格在常用材料、家具、配色、饰品和造型方面的设计要点见表 2-4。

表 2-4　现代中式风格设计要点

项目	包含内容及图例
常用材料	木材　竹木　青砖　石材　壁纸　装饰面板　花纹布艺
常用家具	圈椅　交椅　官帽椅　无雕花架子床　简约化博古架　现代家具+清式家具
常用配色	白色　白色+黑色+灰色　黑色+灰色
常用饰品	挂画　鸟笼　根雕摆件　花艺　折扇　仿古灯　水墨画
常用造型	直线条　中式镂空雕刻　中式雕花吊顶　荷花图案　梅兰竹菊图案　花鸟图　龙凤图案

二、现代欧式风格

现代欧式风格（图 2-6）沿袭了古典欧式风格的主要元素，继承了古典欧式风格的装饰特点，吸取了其风格的形神特征，摒弃了过于复杂的肌理和装饰，简化了线条。现代欧式风格在设计上追求空间变化的连续性和形体变化的层次感，室内装饰体现华丽的风格，融入现代的生活元素，是大户型住宅和别墅装修流行的风格。

浪漫休闲
华丽典雅
自然高贵

图 2-6　现代欧式风格设计效果图

现代欧式风格更多地表现为实用性和多元化。现代欧式风格在常用材料、家具、配色、饰品和造型方面的设计要点见表 2-5。

表 2-5　现代欧式风格设计要点

项目	包含内容及图例					
常用材料	镜面玻璃	欧式花纹壁纸	华丽布艺	大理石	铁艺	木质
常用家具	线条简化的复古家具	描金漆/银漆家具	猫脚家具	高靠背扶手椅		
常用配色	白色+金属色	白色+黑色	白色+浅色点缀	淡蓝色　绿色	淡蓝色+大地色	米黄色+淡暖色
常用饰品	天鹅饰品	油画作品	欧式茶具	星芒装饰镜		
常用造型	罗马柱	花梗	葡萄藤	昆虫翅膀	波状的形体	

三、现代主义风格

现代主义风格（图 2-7）选材广泛，范围扩大到金属、玻璃、塑料及合成材料；家具线条简练，无多余装饰，即便是柜子和门把手的设计也要尽量简化。现代主义风格既可将色彩简化，也可使用强烈对比的色彩。常以简洁的几何图形为主，也可利用圆形、弧形等，增加居室的造型感。

现代主义风格

独特精致、造型简单、前卫时尚

图 2-7　现代主义风格

现代主义风格在常用材料、家具、配色、饰品和造型方面的设计要点见表 2-6。

表 2-6　现代主义风格设计要点

项目	包含内容及图例						
常用材料	复合地板	珠线帘	文化石	无色系大理石	木饰墙面	镜面玻璃	条纹壁纸
常用家具	造型茶几	躺椅	布艺沙发	线条简练的板式家具			
常用配色	红色系	黄色系	黑色	白色	对比色		
常用饰品	抽象艺术画	无框画	金属灯罩	时尚灯具	玻璃制品	金属工艺品	马赛克拼花背景墙
常用造型	几何结构	直线	点线面组合	方形	弧形		

知识拓展——巴塞罗那椅

巴塞罗那椅（图2-8）是德国大师密斯·凡·德·罗的作品，是现代家具设计的经典之作。

椅子主体由弧形交叉状的不锈钢构架支撑，极具美感的 X 型脚是椅子最亮眼的设计，非常优雅且功能化。这种极简、功能化的设计正是密斯所倡导的"少即是多"设计理念的体现，也是包豪斯主义风格的核心。两块长方形皮垫组成坐面（坐垫）及靠背，每个垫子被均分成20个凹凸有致的小方块，垫子下面由马鞍皮带作为弹力支撑着。两个垫子放上去不用担心垫子会左右滑动，因为垫子四个角都有扣子固定在架子主体上面。

巴塞罗那椅的设计在当时引起轰动，地位类似于概念产品。时至今日，巴塞罗那椅已经发展成一种创作风格。

图 2-8　巴塞罗那椅

图 2-9　现代简约风格设计效果图

四、现代简约风格

现代简约风格（图2-9）惯用的设计方式是对比。家具以不占面积、折叠、多功能为主，为居室生活提供便利。现代简约风格常运用纯色涂料装点居室，令空间显得干净、通透，又方便打理。软装强调简约、实用为主。简洁的直线条最能表现出现代简约风格的特点。

现代简约风格在常用材料、家具、配色、饰品和造型方面的设计要点见表2-7。

表 2-7　现代简约风格设计要点

项目	包含内容及图例
常用材料	纯色涂料　纯色壁纸　条纹壁纸　抛光砖　通体砖　镜面/烤漆玻璃　石材
常用家具	低矮家具　直线条家具　多功能家具　带有收纳功能的家具
常用配色	白色　白色+黑色　木色+白色　白色+米色　白色+灰色　白色+黑色+灰色
常用饰品	纯色地毯　黑白装饰画　金属果盘　吸顶灯　灯槽　无框画/抽象画　鱼线形吊灯
常用造型	直线　直角　大面积色块　几何图案

知识拓展——现代简约风格与现代主义风格的区别

1. 家具使用的区别

现代风格也称作功能主义，在使用家具时会体现出浓郁的工业社会感，现代风格是对这些工业产物的有机组合，而不是随意堆砌。现代简约风格中使用的家具看似简单，实则在进行家具选择时也下足了工夫，简约不代表粗陋、直白，而是化繁为简，将复杂的装饰物转化为简单、精致、富有内涵的装饰物。

2. 装修材料选择的区别

从装修材料上说，现代风格更强调装修的现代感，在进行装修时，设计师会倾向于选择新材料产品，如不锈钢、铝合金、铝塑板等。而现代简约风格强调的则是整体设计风格的简约和统一，在选择材料时会倾向于朴实、简单的材料，如实木材料、玻璃材料等。

3. 灯具使用的区别

现代风格在灯的选择上着重考虑灯具是否能够体现装修的现代感。无论是装饰灯还是吊灯，灯具的材质都需要着重考虑，铁艺吊灯或是一些铁艺灯具往往更受青睐。而现代简约风格则会选择一些外观简约但造型富有艺术感的灯具作为装饰。

五、北欧风格

北欧风格（图2-10）指欧洲北部国家挪威、丹麦、瑞典、芬兰及冰岛等国的艺术设计风格。北欧风格起源于斯堪的纳维亚地区，因此也被称为"斯堪的纳维亚风格"，具有简约、自然、人性化的特点。以人为本是北欧家具的设计精髓，板式家具在家居中广为运用。软装注重个人品位和个性化格调，精致且富有设计感。

北欧风格

简洁通透
以人为本
崇尚自然
原始质感
展现质朴

图2-10　北欧风格设计效果图

北欧风格在常用材料、家具、配色、饰品和造型方面的设计要点见表2-8。

表2-8　北欧风格设计要点

项目	包含内容及图例					
常用材料	天然材料	板材	石材	藤	白色砖	玻璃 铁艺
常用家具	板式家具	布艺沙发	带有收纳功能的家具		符合人体曲线的家具	
常用配色	白色	灰色	浅蓝色	浅色+木色	纯色点缀	
常用饰品	筒灯	简约落地灯	木相框	组合装饰画	照片墙	壁炉 挂盘
常用造型	竖条纹	椭圆和圆形组合	棋格	三角形	箭头	网格

知识拓展——北欧风格何以风靡全球？

1. 丹麦人的设计理念

丹麦人的设计理念是以人为本，如设计一把椅子、一张沙发，丹麦人不仅追求它的造型美，更注重从人体结构出发，研究它的曲线如何与人体接触时达到完美的结合。它突破了工艺、技术僵硬的理念，融进人的主体意识，从而使设计变得更加理性。

2. 芬兰人的造型天赋

芬兰风格是将大自然灵性融入设计作品，使其成为一种源于自然的艺术智慧与灵感；在强调设计魅力的同时，致力于新材质的研究开发，生产出造型精巧、色泽典雅的塑胶家具，令人耳目一新。

3. 瑞典人的时尚家具

瑞典风格并不十分强调个性，而更注重工艺性与市场性较高的大众化家具，更追求便于叠放的层叠式结构，线条明朗，简约流畅。

4. 挪威的家具风格

挪威的家具风格大致分为两类：一类以出口为目的，在材质选用及工艺设计上均十分讲究，品质典雅高贵，为家具中的上乘之作；另一类则崇尚自然、质朴，具有北欧乡间的浓郁气息，极具民间艺术风格。

2.3 自然风格

自然风格倡导"回归自然"，美学上推崇自然、结合自然，因此室内多用木料、织物、石材等天然材料，显示材料的纹理，清新淡雅，体现出在当今高科技、高节奏的社会生活中使人们取得生理和心理上平衡的人文关怀设计理念。由于田园风格和自然风格的宗旨和手法类同，因此也可把田园风格归入自然风格一类。

一、田园风格

田园风格（图2-11）是指通过装饰装修表现田园气息的家居风格，这种风格是早期开拓者、农夫、庄园主们简单而朴实生活的真实写照。田园风格追求的自然回归感，令人体验到舒适、悠闲的空间氛围。装饰用料上崇尚自然元素，不追求精雕细刻，而是通过绿化把居住空间变为"绿色空间"，创造自然、简朴的空间环境。

田园风格在常用材料、家具、配色、饰品和造型方面的设计要点见表2-9。

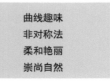

曲线趣味
非对称法
柔和艳丽
崇尚自然

图 2-11　田园风格设计效果图

表 2-9　田园风格设计要点

项目	包含内容及图例					
常用材料	纯色乳胶漆	壁纸	护墙板	仿古砖	木地板	棉麻材质　实木地板
常用家具		胡桃木家具	手工沙发	碎花/手绘家具		
常用配色	原木色	白色+黄绿色+原木色		白色+粉色		白色+粉色+绿色
常用饰品	盘状装饰品	木质相框	小型绿色盆栽	英伦风餐具	胡桃夹子士兵	米字旗装饰　人偶娃娃
常用造型	碎花图案	格子图案	条纹图案	米字旗图案	蝴蝶图案	圆弧形门窗　花纹石膏线

二、美式乡村风格

美式乡村风格（图 2-12）摒弃了繁琐和豪华，并将不同风格的优秀元素汇集融合，以舒适为导向，强调"回归自然"；较注重家庭成员的相互交流，注重私密空间和开放空间的相互区分，重视家具和日常用品的实用和坚固。家具多采用仿旧漆，式样厚重；材料常运用天然木、石等材质质朴的纹理；设计中多有地中海式的拱门。

美式乡村风格

对称、精巧、幽雅、华美

图 2-12　美式乡村风格设计效果图

美式乡村风格在常用材料、家具、配色、饰品和造型方面的设计要点见表 2-10。

表 2-10　美式乡村风格设计要点

项目	包含内容及图例					
常用材料	棉麻布艺	仿古地砖	釉面砖	铁艺		
常用家具	粗犷的木家具	皮沙发	摇椅	四柱床		
常用配色	大地色系	褐色系	米黄色	暗红色	绿色	
常用饰品	壁炉	仿古装饰品	世界版图装饰画	绿叶盆栽	禽类动物摆件	大型绿色盆栽
常用造型	藻井吊灯	浅浮雕	花鸟虫鱼图案	圆润的线条	拱形垭口	"人"字形吊灯

三、地中海风格

自由
自然
浪漫
休闲

地中海风格

图 2-13 地中海风格设计效果图

地中海风格（图 2-13）是指沿欧洲地中海北岸一线的居民住宅，是海洋风格的代表。空间的穿透性与视觉的延伸是地中海风格的重要特点。室内强调光影设计，一般通过大落地窗来引入自然光。建筑空间内的圆形拱门及回廊通常采用数个连接或垂直交接的方式，再加上纯美、大胆的配色方案，天然、质朴的材料呈现，整体风格体现出无拘无束、浑然天成的设计理念。

地中海风格在常用材料、家具、配色、饰品和造型方面的设计要点见表 2-11。

表 2-11 地中海风格设计要点

项目	包含内容及图例						
常用材料	原木	马赛克	仿古砖	花砖	白灰泥	海洋风壁纸	铁艺	棉织品
常用家具	铁艺家具	木制家具	布艺沙发	船形家具	白色四柱床		
常用配色	蓝色+白色	蓝色	黄色	黄色+蓝色	白色+绿色	大地色	
常用饰品	瓷挂盘	格子桌布	贝壳装饰	海星装饰	船模	船锚装饰	
常用造型	海洋元素图案	伊斯兰装饰图案	罗马柱式装饰线	不修边幅的线条			

知识拓展——地中海风格细分

1. 希腊风格

希腊风格以优雅浪漫的蓝白搭配出名。海天一色、白色村庄、攀爬类植物、众多的拱门、回廊、过道和蓝色门窗，以及当地的岩石、白水泥抹灰的工艺墙面，充分体现了希腊风格的浪漫情怀。

2. 法国普罗旺斯风格

南法的薰衣草花田、向日葵花海，金黄与蓝紫的花卉与绿叶相映，形成一种别有情调的色彩组合，古老、自然灰的泥墙、石砌墙，还有铁艺阳台、蓝色门窗、白色泥墙，十分具有自然的美感。

3. 意大利托斯卡纳风格

托斯卡纳是意大利文艺复兴的发源地，海与天明亮的色彩、仿佛被水冲刷过后的白墙、薰衣草、玫瑰、茉莉的香气、金黄的阳光、浓绿的森林、褐色的土壤，以及古老、自然的石砌墙和农场，搭配历史悠久的古建筑，交织成强烈的民族性色彩。

4. 北非摩洛哥风格

摩洛哥以山地、高原为主，多沙漠及岩石，终年少雨、艳阳高照。在北非地中海城市中，随处可见运用大量红褐和土黄色来装饰室内，也可见青藤缠绕、开放式草地、精修的乔灌，各种建筑、饰品色彩鲜艳，多彩色陶瓷、金属工艺品，建筑讲究对称、尖拱。手工艺术盛行，鲜艳的纺织品和藤编制品为原生态室内增添了许多色彩。

四、东南亚风格

东南亚风格（图2-14）是源于东南亚当地文化及民族特色，并结合现代人的设计审美而形成的一种装修风格。东南亚风格讲究自然性、民族性，同时讲究自然与人的和谐共处，静谧而雅致，并融合了当地佛教文化，具有禅意韵味，取材天然，体现自然、环保的设计理念。

东南亚风格

图2-14 东南亚风格设计效果图

东南亚风格在常用材料、家具、配色、饰品和造型方面的设计要点见表2-12。

表2-12 东南亚风格设计要点

项目	包含内容及图例				
常用材料	木饰面	藤类建材	泰丝	棉麻	纱幔
常用家具	木雕家具	藤制家具	混合材质家具		
常用配色	大地色+紫色	大地色+多彩色	大地色+金色/橙色	无彩色系+大地色+绿色	
常用饰品	佛像饰品	锡器	木雕	莲叶装饰	
常用造型	热带风情为主的花草图案	禅意风情图案			

2.4 其他风格

图 2-15 后现代风格设计效果图

一、后现代风格

后现代风格（图2-15）是20世纪60年代以来，在美国和西欧出现的反对或修正现代主义的风格。它强调形态的隐喻、符号和文化、历史的装饰主义，注重装饰的象征意义；主张新旧融合、兼容并蓄的折衷主义立场；强化设计手段的含糊性和戏谑性。

后现代风格在常用材料、家具、配色、饰品和造型方面的设计要点见表2-13。

表 2-13 后现代风格设计要点

项目	包含内容及图例
常用材料	镜面玻璃　晶钻马赛克　红砖　铁艺构件　亚克力　铝材　木材　石材　涂料　金属复合材料
常用家具	金属材质家具　毛绒+钻扣家具　全皮+不锈钢家具　绣花+珠片家具
常用配色	莫兰迪色　对比色　协调色　混合色
常用饰品	金属及玻璃饰品　抽象艺术画　艺术摆件
常用造型	花梗图案　花蕾图案　葡萄藤图案　昆虫翅膀图案

图 2-16 工业风格设计效果图

二、工业风格

工业风格（图2-16）起源于19世纪末的欧洲，它是"金属集合物"，焊接点、铆钉这些结构组件公然暴露在外。工业风格粗犷、神秘、冷酷、复古，在一定程度上展示了作为一种装饰风格的独特魅力。

工业风格在常用材料、家具、配色、饰品和造型方面的设计要点见表2-14。

表 2-14　工业风格设计要点

项目	包含内容及图例					
常用材料	裸露的砖墙	原始水泥墙	裸露的管线	金属	旧木	磨旧感的皮革
常用家具	水管风格家具			金属与旧木结合家具		
常用配色	无色系+木色		水泥灰+砖红色/褐色		白色+黑色+灰色	
常用饰品	水管装饰	风扇装饰	旧皮箱装饰	齿轮装饰	自行车装饰	
常用造型	扭曲、不规则线条		斑马纹		豹纹	

知识拓展——Loft与工业风格的关系

　　Loft 是空间形态的一种表述，这种空间形态首次出现在美国纽约。当时，艺术家与设计师们利用废弃的工业厂房，从中分隔出居住、工作、社交、娱乐、收藏等各种空间，在宽敞的厂房里，他们体验各种生活方式，创作行为艺术，或者办作品展，而这些厂房后来也变成了极具个性、前卫、受年轻人青睐的地方。

　　Loft 的要素主要包括：高大而开敞的空间、上下双层的复式结构、类似戏剧舞台效果的楼梯和横梁；流动性，户型内无障碍；透明性，减少私密程度；开放性，户型间全方位组合。

　　Loft 和工业风格在装修设计上有一定的相似性。二者的装修风格都不倾向于传统风格、现代风格、自然风格等常见风格中的任何一种，而是倾向于在装修中，以看似不修边幅的设计、张扬不羁的装修传达出现代城市人对生活品质和生活态度不一样的追求，且能很好地从装修中体现屋主的个性。

三、混搭风格

　　混搭风格（图 2-17）就是将传统上由于地理条件、文化背景、风格、质地等不同而不相组合的元素进行搭配，组成有个性的新组合体。混搭风格糅合东西方美学的精华元素，将古今文化内涵完美地结合于一体，充分利用空间形式与材料，创造出个性化的家居环境。混搭并不是简单地把各种风格的元素放在一起做加法，而是把它们有主有次地结合在一起。具体设计中，中西元素的混搭是主流，其次还有现代与传统的混搭

图 2-17　混搭风格设计效果图

等。在同一个空间里，不管是传统与现代，还是中西合璧，都要以一种风格为主，靠局部的设计增添空间的层次。

项目实施

一、实施流程

根据给定户型图，结合客户需求，选择相关风格的常用材料、配色、陈设品等。

二、项目背景

该案例为海口市佳兆业东江熙小区第 12 层住宅，结构类型为钢筋混凝土剪力墙结构，户型为 3 室 2 厅 1 卫，坐南朝北。楼层总共 26 层，层高 3.1m，面积 102m²，如图 2-18 所示。

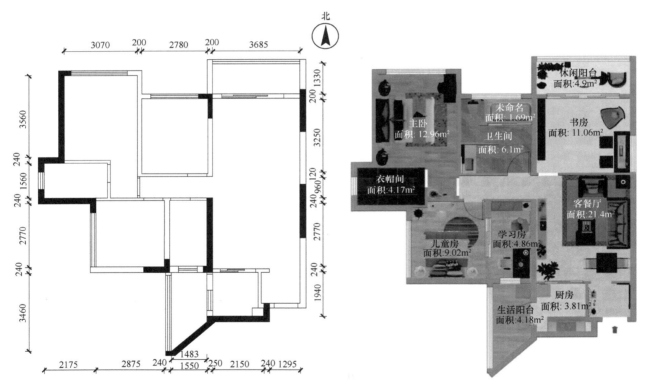

图 2-18 户型平面图

三、客户定位分析

男主人 40 岁，年收入 30 万元，书法家，热爱写字，需要一个书房进行书法创作，喜欢典雅、宁静的氛围。女主人 35 岁，语文老师，年收入 20 万元，喜欢阅读，热爱复古风，活泼开朗善交际。小主人 13 岁，是一个性格开朗，喜欢弹古筝、绘画，热爱大自然和小动物的女孩。

整体分析：家庭教育水平高，经济条件好。有独特的爱好，喜欢现代中式风格。喜欢白色，大方、整洁、干净、典雅。平时喜欢阅读，聊天，热爱自然。客户定位分析单见表 2-15。

表 2-15 客户定位分析单

户型：3 室 2 厅 1 卫　方位：坐南朝北　面积：102 m²

朝向：坐南朝北　楼层：12 层　结构类型：钢筋混凝土剪力墙结构

家庭人员：3 人　　　来客情况：无

男主人

年龄：40　　　　职业：书法家

收入：30 万　　　性格：内向

个人爱好：写字

女主人

年龄：35　　　　职业：教师

收入：20 万　　　性格：外向

个人爱好：阅读，喜欢复古风

家庭其他成员

年龄：13　　　　职业：学生

收入：0　　　　　性格：外向

个人爱好：古筝、绘画

家庭成员色彩倾向：白色

风格定位分析：现代中式风格体现了中国人的含蓄、内敛、唯美以及太多的美好向往。新中式风格的设计还需要要融入现代化的环境中，这也是对于古典中式风格的另一种诠释。新中式风格的主要特点就是在古典中式风格的基础上，多了一份现代风格的简约，有一种细腻的文化气息，同时还掺杂现代时尚元素，除去"刻板、传统"的标签，新中式的美有一份深入骨髓的深沉和优雅

四、常用材料、配色、陈设品选择

1. 材料（图 2-19）

新中式风格以木质为主。木质可以质朴而富有意境地体现新中式的特点，非常好地融合了中华传统文化与现代审美，展现出了意境美。

2. 配色（图 2-20）

新中式风格很少会出现大片饱和、鲜艳的色彩。区别于古典中式风格的厚重，新中式风格多以素雅的白、灰、亚麻色为主基调，简约、肃静、高雅，让人感觉到朴素的美感与韵味。本案例以无彩色以及自然色为主，体现出含蓄沉稳的空间特点。在新中式风格中运用白色，可以展现优雅内敛与自在随性的格调，白色搭配亚麻、自然植物原色等，让整个空间充满通透感，让生活自在无拘束。

图 2-19　材料选择

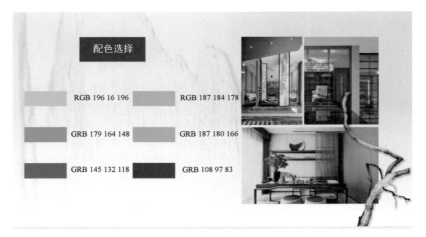

图 2-20　配色选择

3. 陈设品

客餐厅（图 2-21）摒弃传统客厅与餐厅分开的布局方式，将客厅与餐厅融合在一起，使房间整体更加开阔大气，同时也满足居住者在家聚会和情感交流的需求。

图 2-21　客餐厅空间陈设品选择

主卧（图 2-22）的本质需求是舒适。典雅的陈设抒发现代中式风格的魅力，将硬朗的空间雕琢得精致而大气。

图 2-22　主卧空间陈设品选择

书房（图 2-23）运用深色木质材料，给人以沉稳宁静的氛围，使用大尺寸书柜、书桌使整个空间空旷大气，也能更好满足两位居住者办公、阅读、创作的需要。

图 2-23　书房空间陈设品选择

卫生间（图 2-24）虽然是家庭空间中比较私密的空间，但同时也是彰显品味的空间。大面积的石材运用，将空间的构成和展示发挥到极致。每一处细节的设计，都代表着设计师的匠心独运，同时也彰显着空间主人的追求和品味。

图 2-24　卫生间空间陈设品选择

项目三

居室空间专项设计

项目概述

本项目主要介绍居室空间组织设计、空间限定、居室空间采光与照明设计、居室空间色彩设计，并根据户型平面图作出流线分析图及空间功能关系分析图。

知识链接

居室空间组织设计 3.1

一、居室空间组织设计概述

居室空间组织设计是指通过一系列的空间处理方式，将独立的空间组织成一个统一的空间群体。居室空间的组织应该根据物质功能和精神功能的要求进行创造性的构思，根据当时、当地的环境，结合建筑功能要求进行整体策划。从单个空间到群体空间的序列组织，由外到内，由内到外，反复推敲，使空间组织达到理性与感性的完美结合。居室空间对人的视角、视距、方位等方面都有一定的影响。由空间采光、照明、色彩、装修、家具、陈设等多种因素综合形成的居室空间，在人的心理上产生比室外空间更强的承受力和感受力，从而影响到人的生理、精神状态。因此在设计中要精细构思，使居室空间的组织达到科学性、经济性、艺术性、理性与感性的完美结合，设计出有个性、有特色的空间组合。

居室空间组织设计

居室空间布局的基本形式，是以公共活动空间为核心，与个人私密空间和服务空间进行平面组合。公共活动空间主要为起居室。个人私密空间一般指卧室和卫生间。服务空间包括餐厅、厨房和服务阳台等。现在的居住理念主要以食寝分开为出发点，区别于旧时的食寝不分居住形态，从而提高了生活质量，并使居室空间得到合理化利用。对于一般住宅而言，卧室数量和建筑面积是固定的，因此住宅的布局特征就由室内的布局形式来反映。现代的居室空间主要由卧室、起居室、厨房、餐厅、卫生间、过道、门厅、储藏室、阳台等组成。它们都具有不同的使用功能，因而对室内空间布局产生一定的影响，如图3-1所示。

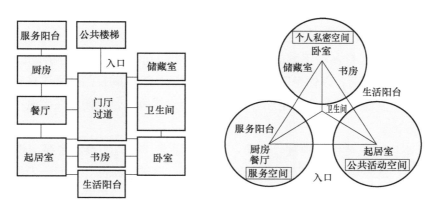

图 3-1 居室空间组织

知识拓展——居室空间组织设计案例

　　丹麦建筑师雅各布森的住宅，巧妙地利用不等坡斜屋面，恰如其分地组织了需要不同层高和大小的房间，使之各得其所。其中起居室空间虽大，但因高度不同的变化而显得很有节制，空间也更生动。书房适合于较小的空间使其更具有亲切、宁静的气氛。整个空间布局从大、高、开敞到小、亲切、封闭，十分紧凑而活泼，并尽可能地直接和间接接纳自然光线，以便使冬季的暗面减到最小，如图 3-2 所示。

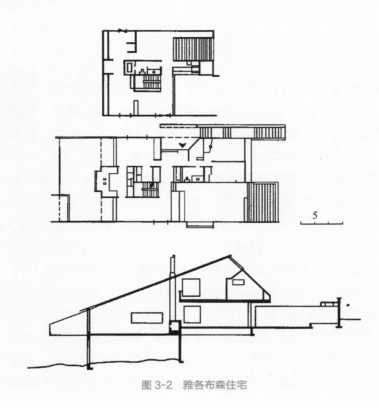

图 3-2　雅各布森住宅

二、居室空间功能分区与流线设计

1. 居室空间功能分区

　　建筑功能是指在物质和精神方面的具体使用要求。功能分区是将空间按不同功能要求进行分类，并根据它们之间联系的密切程度加以组合、划分。

　　居室空间功能分区有多种不同的方式，例如南北朝向的分区、动与静的分区、干湿分区等。从使用的角度而言，以休息区、起居区、进餐区、卫生间及贮藏间这样分区为宜。功能分区的目的在于使住宅的各个使用部分都有比较明确的表达，以便对住宅进行技术经济方面的具体量化分析。

　　居室的基本功能主要包括睡眠、休息、饮食、盥洗、家庭团聚、会客、视听、娱乐以及学习、工作等。这些功能因素又形成环境的静—闹、群体—私密、外向—内敛等不同特点的分区。动静分离是高品质户型设计的重要内容，旨在为住户提供舒适的居住体验。居室空间常用功能分区见表 3-1。

表 3-1　居室空间常用功能分区

区域	包含空间及功能	分区原则
群体生活区（闹）及功能主要体现	起居室——音乐、电视、娱乐、会客等 餐室——用餐、交流等 休闲室——游戏、健身、琴棋、电视等	1. 根据开放程度，进行公私分区 2. 根据活动特点，进行动静分区 3. 根据卫生、洁净要求，进行干湿分区
私密生活区（静）及功能主要体现	卧室（分主卧室、次卧室、客房）——睡眠、梳妆、阅读、视听等 儿女室——睡眠、书写等 书房（工作间）——阅读、书写等	
家务活动区及其功能主要体现	厨房——配膳清洗、存物、烹饪等 储藏间——存物、洗衣等	

如图 3-3 所示为某居室空间功能分区示意图。

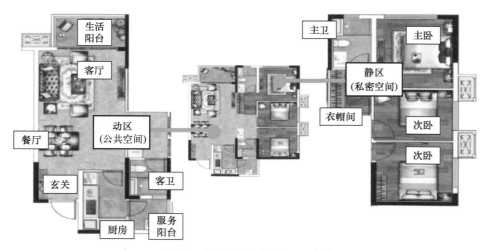

图 3-3　某居室空间功能分区示意图

2. 居室空间流线设计

流线俗称动线，是指日常活动的路线，它根据人的行为方式把一定的空间组织起来。通过流线设计分割空间，可以划分不同功能区域。一般来说，居室中的流线可划分为家人流线、家务流线和访客流线，三条线不宜交叉，这是流线设计中的基本原则。如果一个居室中的流线互相交叉，就说明空间的功能区域混乱，动静不分，有限的空间会被零散分割，居室面积被浪费，家具的布置也会受到极大的限制，如图 3-4 所示。

居室各空间单元之间是相互依托、密切关联的，它们依据特定的内在关系共同构成一个有机整体。空间的划分也不再局限于硬质墙体，而是更注重会客、餐饮、学习、睡眠等功能空间的逻辑关系。在设计中也常常采用功能关系分析图（气泡图）来准确而形象地描述这一关系，如图 3-5 所示。

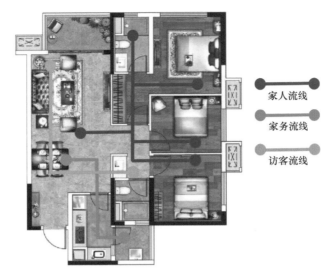

图 3-4 居室空间流线设计图

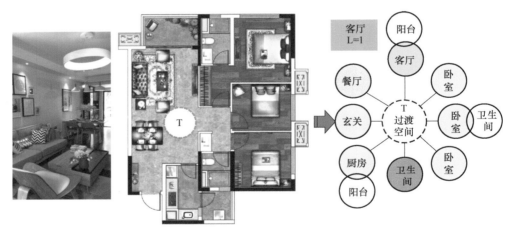

图 3-5 居室空间功能关系分析图

知识拓展——气泡图

气泡图是用来分析建筑内部功能及其流线关系的重要图解手段，它把建筑中的一系列元素（如大小、空间、功能、环境、交通等）联系起来。将每个气泡当成一个功能分区，并根据流线关系将各个功能分区串在一起，使建筑内部关系清晰直观地表达出来，同时直观地量化出居室各空间在组合上的特点。图中 L（客厅流线）数量越少，表示客厅的空间完整性越好。

如图 3-6 所示为某小区 65m² 住宅的功能流线分析。其客厅流线 L 多达 4 条，反映出其空间组合中客厅空间干扰较大，空间完整性较差。

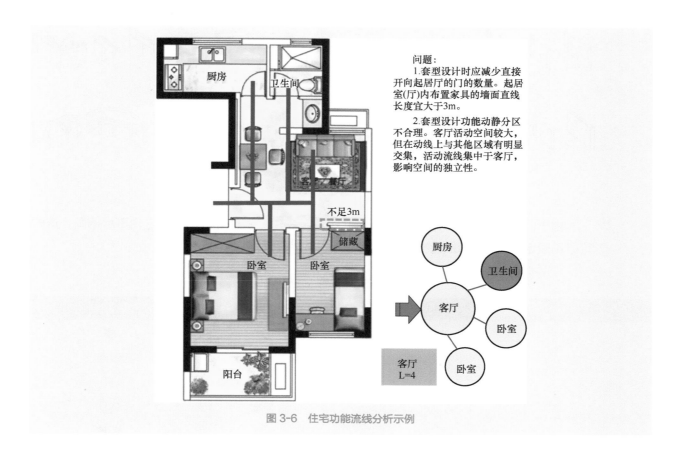

问题:
1.套型设计时应减少直接开向起居厅的门的数量。起居室(厅)内布置家具的墙面直线长度宜大于3m。
2.套型设计功能动静分区不合理。客厅活动空间较大,但在动线上与其他区域有明显交集,活动流线集中于客厅,影响空间的独立性。

图 3-6　住宅功能流线分析示例

空间限定　3.2

一、空间限定基本原理

1. 空间限定的定义与判别

空间与形体是辨证存在的。空间本身是不得触知的存在,故无所谓形态性,它是被动的、消极的、被占用的、自然发生的、无计划的,但形体是主动的、占有的,有内在的力象与秩序,所以空间与形体是一种"正与负""图与底"的辨证关系,对"负形"的感知源于"正形"所产生的空间力,这种实体占有虚体的形态通常叫空间限定。

建筑空间限定是为了一定的目的,使用某些手段在原始空间的部分之中进行领域的设置。限定的要素为媒介而非空间。在建筑空间中,这些要素往往也是空间的一部分,要素在它周围形成一个受它影响的领域,即一个场。通过一些条件(如顶面、墙面、地面等),往往可以对空间进行必要的限定,从而满足对空间的某种要求,如图 3-7 所示。

空间限定基本原理

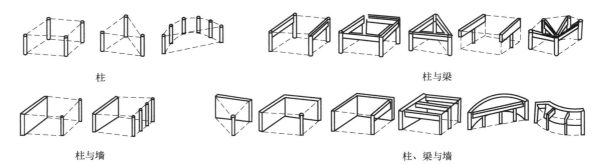

柱 柱与梁

柱与墙 柱、梁与墙

图 3-7 居室空间限定要素示意图

由于限定元素本身的特点和组合方式不同，其形成的空间限定的感觉也不尽相同，这时可以用限定度来判别和比较限定程度的强弱。空间的限定度见表 3-2。

表 3-2 空间的限定度

限定度		强	弱
限定元素特点	视线通过度	少	多
	视线能否通过	无法通过	可以通过
	与人的距离	近	远
	移动难易程度	困难	容易
	色彩	鲜艳	淡雅
	明度	低	高
	质地	硬、粗	软、细
	凹凸数量	多	少
	开闭情况	封闭	开放
	形状	向心形状	离心形状
	宽度	小	大
	高度	大	小

2. 空间限定的手法

限定一个空间主要从两个方向来进行，即垂直方向和水平方向。

（1）垂直方向 垂直方向构件限定空间的方法有围和设立，如图 3-8 所示。

将物体设置在空间中，指明空间中的某一场所，从而限定其周围的局部空间，这种空间限定的形式称为设立。设立只是视觉心理上的限定，它不可能划分出某一部分具体确定的空间，提供明确的形态和度量，而是靠实体形态的力、能、势获得对空间的占有。设立往往是一种中心限定，聚合力是设立的主要特征。

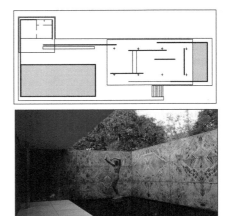

图 3-8 垂直方向构件限定空间

知识拓展——巴塞罗那世博会德国馆

　　1929 年巴塞罗那博览会德国馆是密斯·凡·德·罗二战前的代表建筑。这是一座奇怪的建筑，没有具体的功能，墙、屋顶、柱子似乎都是偶然搭在一起的，各部分之间全是直角相接，没有任何过渡。整个建筑没有明显的内部和外部之分，给人的空间感是奇妙的。装饰只有保持原有色泽的大理石墙面，简单的装饰反而给人以高雅的感觉。

　　（2）水平方向　由于有重力，因此需要有个底面，底面上再覆一个顶面，才能限定出空间来。用水平方向构件限定空间的方法有五种：凸、凹、覆盖、架起和肌理变化，如图3-9 所示。

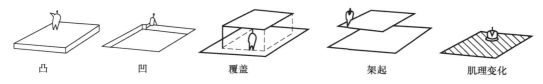

凸　　　　　凹　　　　　覆盖　　　　　架起　　　　　肌理变化

图 3-9　水平方向构件限定空间

二、空间序列

　　1. 空间序列的定义与组成

　　空间序列是指空间的先后顺序，是设计师按建筑功能给予合理组织的空间组合。空间序列由下列四个阶段组成。

　　（1）起始阶段　该阶段是序列的开始，它预示着将要展开的内容，应具有足够的吸引力和个性。

　　（2）过渡阶段　该阶段在序列中起到承上启下的作用，是序列中的关键一环。它对高潮阶段的出现具有引导、启示、酝酿等作用。

　　（3）高潮阶段　该阶段是序列的中心，在设计时应考虑期待后的心理满足和情绪激发。

　　（4）终结阶段　由高潮恢复平静，是该阶段的主要任务。良好的结束有利于对高潮的追思和联想。

　　2. 空间序列的设计手法

　　（1）利用空间的导向性

　　① 利用曲墙引导人流，如图 3-10 所示。

　　② 利用楼梯或踏步暗示上一层空间的存在。

　　③ 利用空间的灵活处理来暗示其他空间的存在，例如列柱、连续的柜台甚至灯具，引起人们不自觉地随其行动。

　　④ 利用顶面、地面的处理暗示前进的方向。

　　（2）制造视觉中心　在一定范围内引起人们注意的目的物称为视觉中心。导向性只是将人们引向高潮的引子，而视觉中心可视为在这个范围内空间序列的高潮，如图3-11 所示。

　　通过建筑、家具、屏风、亭台楼榭等可将空间处理成先抑后扬、先暗后明、先大后小、千回百转的效果。

图 3-10　利用曲墙引导人流

图 3-11　视觉中心

（3）制造空间构成的对比与统一　空间序列的全过程就是一系列相互联系的空间过渡。空间序列的构思是通过若干相联系的空间，构成彼此有机联系、前后连续的空间环境，它的构成形式随功能要求而不同。例如，中国园林中"山穷水尽""柳暗花明""别有洞天""先抑后扬""迂回曲折""豁然开朗"等空间处理手法，都是采用过渡空间，将若干相对独立的空间有机联系起来，并将视线引向高潮。对比与统一的建筑构图原则同样可以运用在空间构成上，如图 3-12 所示。

图 3-12　空间构成的对比与统一

三、空间构图

1. 构图要素

（1）点

① 点的属性：以点为基础的几何造型，因其丰富的联想、巧妙的构思、强烈的视觉效果受到人们喜爱。将它们运用于空间和界面，已成为重要的装饰手段，如图 3-13 所示。

② 点在空间环境中的运用：空间环境中处处可见"点"的存在。一方面，家具和实物体，如一部电话、一瓶香水或者一点灯光是"点"；另一方面，在界面中，点得到比其他艺术形式更多的重合结果——它既是空间转角的角点，又是这些面的起点。面直接引出点并由点向外延伸。空间中点的位置，决定了各界面的位置。

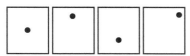

点在画面中央时，给人产生向心力和静态感；偏离中心时，则形成不稳定感而造成动势。

当画面中有两个相同的点，并各自有其位置时，两个点之间的张力作用就表现在连接这两个点的视线上，视觉心理上产生连续的效果，会产生一条视觉上的直线。

当画面中有三个散开的点时，点的视觉效果表现为一个三角形，这是一种视觉心理反映。

当画面中出现三个以上不规则排列的点时，画面就会显得很零乱，使人产生烦躁的感觉。

当画面中出现若干大小相同的点规律排列时，画面就会显得很平稳、安静，并产生面的感觉。

图 3-13　空间点的属性及构图

（2）线　线是点在移动中留下的轨迹。线不仅有长短，而且有粗细，因此线也具有面的属性。空间的方向性和长度是构成线的主要特征，如图 3-14 所示。

直线表达出平静、力量、坚定感。曲线具有弹力，优雅与动感，富有表现力。曲折线有种不安定之感。斜线有运动、速度、飞跃感、但也有不安定感。粗线有力、豪爽、厚重，严密的粗线会给人一种紧张感。细线锐利、纤弱，且有后退、速度的感觉。长线具有连续性。短线具有刺激性、断续性，几何曲线比较工整、冷淡。自由曲线洒脱、富有个性。

图 3-14　空间线的属性及构图

线是最情绪化和最具有视觉表现力的元素。线是由破坏点的静止状态而产生的，或者我们可以说线相对点，它是点运动产生的。所以线本身就有运动的力量。

（3）面　面是线移动的轨迹，面有长度、宽度，没有厚度。面的形态是多种多样的，不同形态的面，在视觉上有不同的作用和特征，如图 3-15 所示。

直线形的面具有直线所表现的心理特征，有安定、秩序感，偏男性化。曲线形的面具有柔软、轻松、饱满之感，女性化。偶然形的面如：水和油墨，混合墨洒产生的偶然形等，比较自然生动，有人情味。

顶棚与墙面、墙面与地面，在装修过程中用同一种材料过渡，使两个面自然衔接，形成统一与延伸，具有简洁或华丽的现代感。

图 3-15　空间面的属性及构图

2. 构图原则

构图，是指形象或符号对空间占有的状况。构图是艺术家为了表现一定的思想、意境、情感，在一定的空间范围内，运用审美的原则安排和处理形象、符号的位置关系，使其组成有说服力的艺术整体。中国画论里称之为"经营位置""章法""布局"等。

如何突出画面的主体，取得画面的平衡和协调尤为重要。而要达到这一目的，在构图时必须遵循一定的原则和规律。构图的法则就是多样统一，也称有机统一，即在统一中求变化，在变化中求统一。

（1）比例和尺度　比例是指形体自身各部分的大小、长短、高低在度量上的比较关系。尺度则是指产品的整体或局部与人或环境之间的比例关系。要使室内空间协调，给人以美感，室内各物体的尺度应符合其真实情况。尺度涉及真实大小和尺寸，但不能把尺寸的大小和尺度的概念混为一谈。尺度一般不是指建筑物或要素的真实尺寸，而是表达一种关系及其给人的感觉。

（2）主与从、重点与一般　在一个有机统一的整体中，应该有主与从的差别，有重点与一般的差别，而不能一律对待，否则就会流于松散、单调而失去统一性。

（3）均衡与稳定　室内构图中的均衡与稳定并不是追求绝对的对称，而是画面的视觉均衡。过多地运用对称会使人感到呆板，缺乏活力。而均衡是为了打破较呆板的局面，它既有"均"的一面，又有灵活的一面。均衡的范围包括构图中形象的对比，例如大与小、动与静、明与暗、高与低、虚与实等。结构的均衡是指画面中各部分的景物要有呼应、有对照，达到平衡和稳定，如图3-16所示。

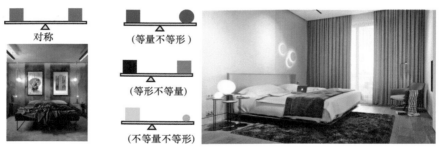

图 3-16　均衡与稳定

（4）节奏与韵律　节奏和韵律指的是同一图案在一定的变化规律中，重复出现所产生的运动感。节奏和韵律有一定的秩序美感，在生活中得到了广泛的应用，如图3-17所示。

节奏是规律性的重复，是反复的形态和构造。在图案中将图形按照等距格式反复排列，作空间位置的伸展，如连续的线、断续的面等，就会产生节奏。

韵律是节奏的变化形式。韵律具有条理性、重复性和连续性。韵律按其形式特点可以分为几种不同的类型：连续韵律、渐变韵律、起伏韵律、交错韵律。

节奏与韵律往往互相依存，互为因果。韵律在节奏的基础上丰富，节奏是在韵律基础上的发展。

以"口"元素为母题，通过元素的大小、位置、色彩及方向变化，构成极富韵律感的室内空间。

图 3-17 节奏与韵律

居室空间采光与照明设计 3.3

一、自然光影与人工光影

光在居室空间中的直接意义就是为人们提供一个良好的视觉环境，使空间价值得以实现，如图 3-18 所示。

光影可以分为自然光影和人工光影两种。

自然光影是指太阳光照射物体留下来的影。自然光影具有如下特点：晴天的直射光光影关系强烈，物体的立体感强；阴天的直射光、漫反射光和漫透射比较柔和，光影效果较弱，物体的立体感不强；合适的自然光影效果能给人留下深刻的印象。

自然光影与色彩的结合，可使室内呈现出不同的风格。如有时明亮宽敞，有时晦暗压抑；有时温馨舒适，有时冰冷粗犷；有时喜庆欢快，有时阴森恐怖，如图 3-19 所示。

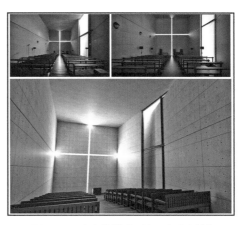

图 3-18 光之教堂（设计：安腾忠雄）

图 3-19 自然光影与色彩的结合

采光和基础照明知识

　　人工光影是指人工设计的光源（灯）照射在物体上留下的影。从自然光的利用到电灯的发明，室内光影装饰应用越来越广泛，从教堂到居室，再到特殊功能空间，如展览馆、博物馆等，人们逐渐将这种装饰用于包装各种环境，从而达到特殊的空间效果，如图 3-20 所示。

图 3-20　人工光影

居室空间照
明布局设计

二、居室空间照明的分类与标准

1. 人工照明的分类

（1）按布局形式分　人工照明按布局形式不同可分为三种，即基础照明、重点照明和装饰照明。

1）基础照明。基础照明又称整体照明，是指为照亮整个空间而设置的均匀照明。

2）重点照明。重点照明又称局部照明，是指为某个主要场所和对象设置的照明。重点照明的亮度是基础照明的 3~5 倍。

3）装饰照明。装饰照明又称气氛照明，是指为了产生装饰效果而设置的照明。装饰照明一般使用装饰吊灯、壁灯、挂灯等图案形式统一的系列灯具，更好地表现具有强烈个性的空间艺术。值得注意的是，装饰照明不能兼作基础照明或重点照明。

（2）按光通量散向空间的比例分　人工照明按光通量散向空间的比例不同可分为五种：直接照明、半直接照明、间接照明、半间接照明、漫射照明，如图 3-21 所示。

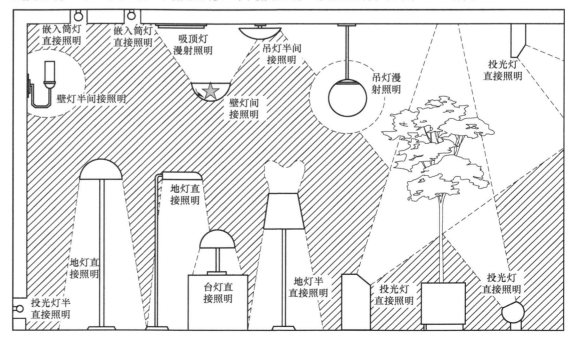

图 3-21　人工照明按光通量散向空间的比例分类

1）直接照明。直接照明是指光线通过灯具射出，其中 90%~100% 的光通量到达假定的工作面上的照明方式。这种照明方式具有强烈的明暗对比，并能形成有趣生动的光影效果，可突出工作面在整个环境中的主导地位，但是由于亮度较高，因此应防止眩光的产生。直接照明可用于工厂、普通办公室等，如图 3-22 所示。

2）半直接照明。半直接照明是指用半透明材料制成的灯罩罩住光源上部，60%~90% 的光线射向工作面，10%~40% 的光线经半透明灯罩扩散而向上漫射的照明方式。半直接照明的光线比较柔和，常用于较低房间的基础照明。由于漫射光线能照亮平顶，因此半直接照明能产生较高的空间感，如图 3-22 所示。

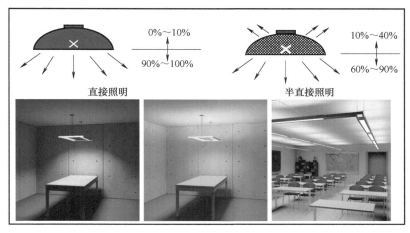

图 3-22　直接照明和半直接照明

3）间接照明。间接照明是将光源遮蔽而产生间接光的照明方式，其中 90%~100% 的光通量通过顶棚或墙面反射作用于工作面，10% 以下的光线则直接照射工作面。通常有两种处理方法，一种是将不透明的灯罩装在灯泡的下部，光线射向平顶或其他物体上反射成间接光线；另一种是把灯泡设在灯槽内，光线从平顶反射到室内成间接光线。这种照明方式单独使用时，需注意不透明灯罩下部的浓重阴影。间接照明通常和其他照明方式配合使用，才能取得特殊的艺术效果。在商场、服饰店、会议室等场所，间接照明一般作为基础照明使用，或用于提高亮度，如图 3-23 所示。

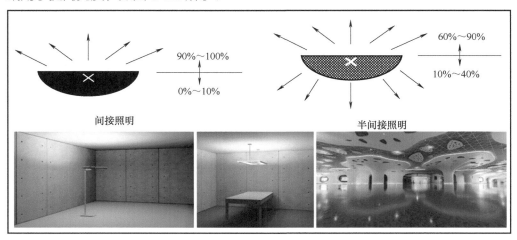

图 3-23　间接照明和半间接照明

4）半间接照明。半间接照明的做法和半直接照明相反，把半透明的灯罩装在光源下部，60%~90% 的光线射向平顶，形成间接光源，10%~40% 的光线经灯罩向下扩散。这种方式能产生比较特殊的照明效果，使较低矮的房间有增高的感觉。半间接照明适用于住宅中的小空间部分，如门厅、过道、服饰店等，如图 3-23 所示。

5）漫射照明。漫射照明是利用灯具的折射功能来控制眩光，将光线向四周漫射的照明方式。这种照明大体上有两种形式，一种是光线从灯罩上口射出经平顶反射，两侧从半透明灯罩扩散，下部从格栅扩散。另一种是用半透明灯罩把光线全部封闭而产生漫射。这类照明光线性能柔和，视觉舒适，适用于卧室，如图 3-24 所示。

图 3-24　漫射照明

2. 居室空间照明标准值

照明设计时应有一个合适的照度值。照度值过低，不能满足人们正常工作、学习和生活的需要；照度值过高，容易使人产生疲劳，影响健康。照明设计应根据空间使用情况，符合《建筑照明设计标准》（GB/T 50034—2024）规定的照度标准。居室空间照明标准值见表 3-3。

表 3-3　居室空间照明标准值

房间或场所		参考平面及其高度	照度标准值 /lx	R_a[①]
起居室	一般活动	0.75m 水平面	100	80
	书写、阅读		300[②]	
卧室	一般活动	0.75m 水平面	75	80
	床头、阅读		150[②]	
餐厅		0.75m 餐桌面	150	80
厨房	一般活动	0.75m 水平面	100	80
	操作台	台面	150[②]	
卫生间		0.75m 水平面	100	80

注：① R_a 是显色指数，是光源的一个性能指标，它是指在灯光照射下，人眼看到的物质颜色与物质自身的颜色相比，变色的程度。
　　② 宜用混合照明。

三、居室空间常用灯具的类型和选择

居室空间灯具的选择，应适合空间的体量和形状，并能符合空间的用途和性能。大空间宜用大灯具，小空间宜用小灯具，住宅照明以小功率灯具为主。灯具造型应与环境相协调，同时注意体现民族风格、地方特点以及个人爱好，体现照明设计的表现力。

居室空间常用灯具的类型和选择

常用灯具类型有吊灯、壁灯、嵌顶灯、吸顶灯、移动灯等。

1. 吊灯

吊灯的样式繁多，外形生动，具有闪烁感，安装暖色调电光源时，能在室内形成一个或多个温暖明亮的视觉中心。然而吊灯对空间的层高有一定的要求，若层高较低，则不适用吊灯，如图 3-25 所示。

图 3-25　吊灯

2. 壁灯

根据不同要求，壁灯有直接照射、间接照射、向下照射和均匀照射等多种形式。在住宅室内环境设计中，选择一些工艺形式新颖的壁灯能充分体现主人的修养和品味。壁灯安装高度一般在视线高度的范围内；如果超过 1.8m，则只起到顶面照射的延长作用，而失去对居室照射的作用。在比较窄的走道或其他平面尺寸相对较小的空间应慎用或不用壁灯，如图 3-26 所示。

图 3-26　壁灯

3. 嵌顶灯

嵌顶灯泛指装在顶板内部、灯口与顶板持平的隐藏式灯具。嵌顶灯一般用于有吊顶的房间，其优点是顶面整齐，节省层高，但它散热性不好，发光效率不高，一般不宜作为主光源，而只作为主光源灯具的陪衬和点缀。嵌顶灯一般嵌在楼板隔层里，具有较好的下射配光，灯具有聚光型和散光型两种，如图 3-27 所示。

图 3-27　嵌顶灯

4. 吸顶灯

吸顶灯是指直接吸附在顶板上的灯具，包括各种单体的吸顶灯和一些吸顶式简易花灯。吸顶灯在住宅室内环境设计中常用来作为各功能房间的主照明。如果在客厅等较大房间采用吸顶式简易花灯，那么在灯头较多时，宜采用分组控制的方式，以利于节能，如图 3-28 所示。

图 3-28　吸顶灯

5. 移动灯

移动灯是指根据需要可以自由移动的灯具，如台灯、落地式柱灯、杆灯和座灯。随着住房面积的普遍扩大，在室内面积宽裕的情况下，移动灯结合一些雕塑造型，装饰效果极为突出，如图 3-29 所示。

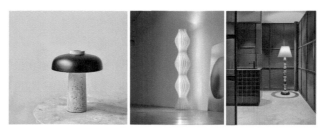

图 3-29　移动灯

知识拓展——住宅空间中的无主灯设计

灯具不仅有照亮室内空间的作用，更是烘托室内氛围的关键工具，因此在照明设计上，人们渐渐摒弃一盏主灯照亮整间屋子的方式，取而代之的是多处照明的方式。这种照明方式称为无主灯设计，如图 3-30 所示。无主灯设计是一种装饰风格，它有两种解读方式。一种是有仅作为装饰的主灯，依靠辅助光源达到照明的目的；另一种是用不足以支撑整个空间照明的低亮度主灯搭配辅助光源，共同承担室内照明的任务。

图 3-30　无主灯设计

居室空间色彩设计 3.4

一、色彩在居室空间中的作用

1. 调节空间

色彩是调节室内空间形态的有效手段，它主要靠色相、明度和纯度三大要素的作用，调节空间的距离感、重量感、尺度感等。

色彩的基础
与情感

2. 影响心理

色彩会使人产生不同的心理情绪，其中纯度因素影响最大。一般来讲，高纯度、高明度的暖色容易使人兴奋和热烈；低纯度、低明度的冷色则会使人沉静或忧郁。色彩各方面的强对比容易使人产生兴奋感，而弱对比则相反。色彩能提高室内空间环境的清洁感和舒适感，有利于人们的身心健康。

3. 塑造空间氛围

色彩纯度关系的变化能够塑造不同的空间氛围，纯度较高时会显得华丽，反之朴素；对比强烈的色彩显得华丽，反之朴素。选用有光泽感的金色、银色，同样也会产生华丽感。

4. 标识、区分空间

色彩可以更好地体现建筑物的性质和功能要求，并且有空间导向、空间识别和安全标志的作用。

二、色彩配置的影响因素及原则

1. 色彩配置的影响因素

① 空间的使用目的：空间的使用目的不同（如会议室、病房、起居室），对色彩的要求也不一样。

② 空间的大小、朝向和设计形式：设计师可以通过不同的色调选择和配色方案来强调、削弱或调整空间关系。

③ 室内空间的主要使用者：男女老少对色彩的要求有很大的区别。不同的民族、文化层次和职业等对色彩的要求也有很大区别，居室空间色彩的设计应适合居住者的爱好和欣赏习惯。

2. 色彩配置的基本原则

统一组织各种色彩的色相、明度和纯度的过程就是配色的过程。良好的室内环境色调，是根据一定的秩序来组织各种色彩的结果。这些秩序有同一性原则、连续性原则和对比性原则。

① 同一性原则：根据同一性原则进行配色，就是使组成色调的颜色具有相同的色相、

纯度或明度。在实际工程中，以相同的色彩来组织室内环境色调的方法用得较多。

② 连续性原则：色彩的明度、纯度和色相依照光谱的顺序形成连续的变化关系，根据这种变化关系选配室内的色彩，即连续性配色方法。采用这种方法，可以达到在统一中求得变化的目的，但在实际运用中须谨慎使用，否则易陷于混乱。

③ 对比性原则：为了突出重点或打破沉闷的气氛，可以在居室空间的局部使用与整体色调相对比的颜色。相对而言，突出色彩在明度上的对比易于获得更好的效果。

在选配居室空间色彩的过程中，上述三个原则构成了三个步骤。同一性原则是配色设计的起点，根据这一原则，确定室内环境色调的基本色相、纯度和明度。连续性原则贯穿于居室空间色彩设计的推敲过程，确定几种主要颜色的对应关系。对比性原则体现为居室空间色彩设计的点睛之笔，赋予室内环境色调一定的生气。

三、居室空间色彩的构成

居室空间色彩按照面积和重点程度不同，由背景色、主体色、支配色、点缀色构成。

1. 背景色

背景色指的是内墙壁纸色彩、墙面粉刷色彩、顶板色彩、地面铺设材料颜色，也包括大型家具、窗帘布艺等色彩。这些大面积的色彩奠定了居室空间整体配色的印象和基本色调。其中，墙面的面积最大，墙面色彩对室内装饰效果起到关键作用，装扮家居环境时主要考虑墙面颜色。

2. 主体色

在室内软装中，主体色来自于居室内的大型家具，如沙发、床、橱柜等，同时也来自于装饰织物，如窗帘、布艺等。居室空间的主体色构成视觉中心，表现室内的主体风格。主体色与背景色共同影响室内总体视觉效果。

主体色的选取有以下两种方式。

① 选择与背景色或支配色对比鲜明的色彩，形成鲜明而突出的对比视觉效果。

② 选择与背景色或支配色色调近似的色彩，形成统一和谐的视觉效果。

通过提高主体色的纯度、强化主体色与支配色的亮度差、突出点缀色的衬托作用、弱化辅助色和背景色的明度等方式，可以凸显主体色。

3. 支配色

支配色不仅具有陪衬和突出主体色的作用，而且与主体色形成既相互对比又相互呼应的色彩感觉，可增加居室空间的活力与生气，打造丰富的色彩空间，表现空间的特色风格与风情。

居室空间的支配色主要来自于主体色周围或相关位置的小型家具，如椅子、凳子、茶几、灯具、摆设、饰品的色彩。

4. 点缀色

点缀色通常指室内比较零散、变化灵活、面积较小的色块，主要用来点缀小面积的空间色彩。点缀色通常来自于小型陈设物、绿化花艺、开关罩、小型灯具等具有色彩点缀作用的小物件，用于打破单一的整体效果，在室内空间的色彩层面起到点睛的作用，形成新颖独特的空间视觉焦点。

点缀色的面积大小对空间色彩的搭配和表现尤为关键。点缀色的面积、色彩倾向与其色彩效果成反比关系，点缀色的面积越小，色彩倾向越鲜明。选择与背景色相类似的色彩作为点缀色，可以打造低调柔和的整体氛围。

四、居室空间色彩设计流程

居室空间色彩设计的流程见表 3-4。

表 3-4　居室空间色彩设计流程

流程	主要工作内容	必要资料
1. 调查研究	了解居室空间的功能、风格、特征及业主的要求等	书面资料
2. 色彩构思	作出彩色效果图，对居室色彩设计作初步设想	室内平面图、立面图、色彩透视图
3. 确定立面材料的色彩	选择主要材料，按实际使用的面积、比例进行组合比较，确定基调	主要饰面材料、孟塞尔彩色图表
4. 推敲陈设与家具等色彩	在初步确定主要材料色彩后，认真推敲陈设、家具及小装饰品的色彩。研究确定整体色调	陈设、家具等样本或色彩样稿
5. 编制色彩一览表	编制色彩一览表，选用标准色表。选择全部材料样本	—
6. 校核色彩设计方案	根据校核表深入研究色彩设计方案	—
7. 编制色彩设计表	确定色彩，编制色彩设计表，并在平面、立面或展开面上标出各部分饰面材料及孟塞尔标色符号，整理编号	—
8. 调整部分色彩或用材	根据校核情况调整部分色彩或用材	—
9. 施工管理、局部调整	在现场施工中对色彩设计进行局部修正	—

 项目实施

一、实施流程

根据户型平面图，分析其功能分区情况，作出流线分析图及空间功能关系分析图。

二、项目背景

1. 项目概况

该案例位于上海绿地海珀外滩，项目类型为高层住宅，户型为 2 室 2 厅 2 卫，总面积 117m^2，层高 3.1m，建筑结构类型为框架 - 剪力墙结构。

2. 原始户型平面图

原始户型平面图如图 3-31 和图 3-32 所示。

三、分析空间流线及空间功能

该套型居室空间布局以公共活动空间为核心，包括就餐空间、厨房以及起居室。通过走道交通空间联系私密空间，即个人的卧室和卫生间。以流线设计分割空间，从而达到合理划分不同功能区域的目的。通过运用气泡图分析方法，直观地表现了住宅空间的组织方式及特点。

空间流线及空间功能关系分析图如图 3-33 所示。

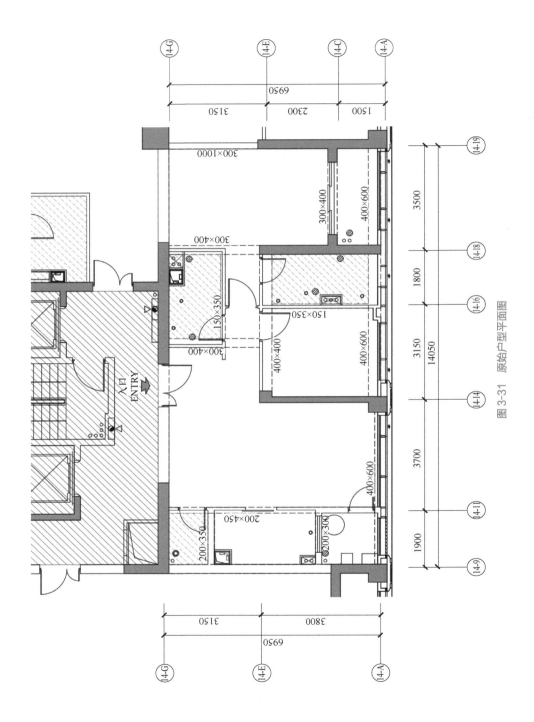

图 3-31　原始户型平面图

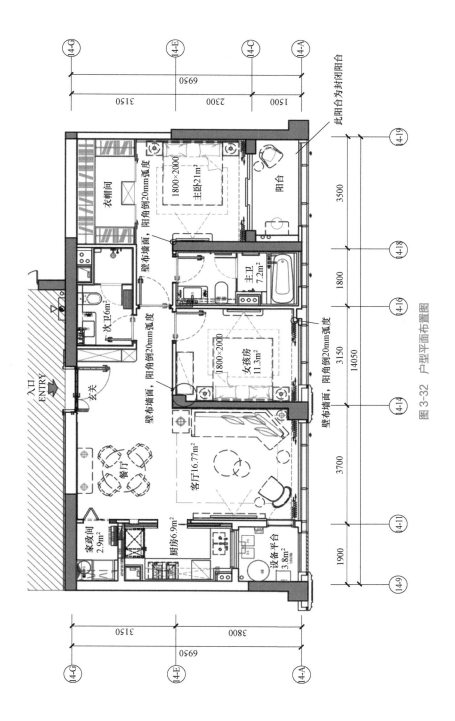

图 3-32　户型平面布置图

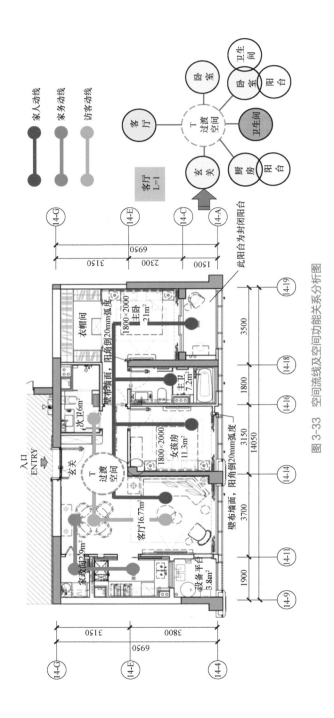

图3-33 空间流线及空间功能关系分析图

项目四

起居室空间设计

项目概述

本项目主要介绍起居室的功能与设计原则、基本要素与尺度、空间规划与平面布局、界面设计以及陈设设计，并根据给定户型图，完成起居室空间的规划与平面布局、界面设计和陈设设计等。

4.1 起居室空间功能与设计原则

一、起居室功能

起居室相当于交通枢纽，起着联系门厅、餐厅、厨房、卫浴间、阳台等空间的作用。起居室的设置对动静分离也起着至关重要的作用。动静分离是住宅舒适度的标志之一。由于起居室具有多功能的使用性，空间大、活动多、人流导向相互交替，因此在设计中要求更加注重人性化，应充分考虑环境空间的弹性利用，突出重点。家具配置应合理安排，充分考虑人流线路以及各功能区域的划分。

起居室的主要活动内容如图 4-1 所示。

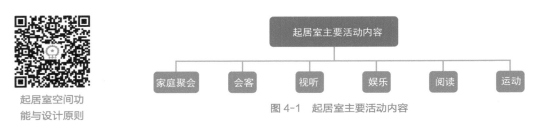

起居室空间功能与设计原则

图 4-1　起居室主要活动内容

二、起居室设计原则与要求

起居室设计的总体原则是实用与美观。相对其他空间而言，起居室的美观更重要。起居室设计能反映主人的性格特点、个性品位和文化底蕴等。起居室设计要求如下。

1. 风格要明确

起居室的风格基调往往是家居格调的主脉，把握着整个居室的风格。

2. 个性要明确

起居室的装修讲究个性，强调与众不同的风格特点。在不同的起居室设计中，一个小细节的差别往往能折射出主人不同的观念及品味。

3. 分区要合理

功能分区应根据具体户型结构、使用者的具体要求来进行。功能多的起居室，一般可划分出会客区、用餐区、学习区等。其区域划分可以采用硬性划分和软性划分两种办法。硬性划分是把空间分成相对封闭的几个区域来实现不同的功能，主要是通过隔断、家具的设置，从大空间中独立出一些小空间来。而软性划分是用暗示法塑造空间，利用不同装修材料、装饰手法、特色家具、灯光造型等来划分，如图 4-2 所示。

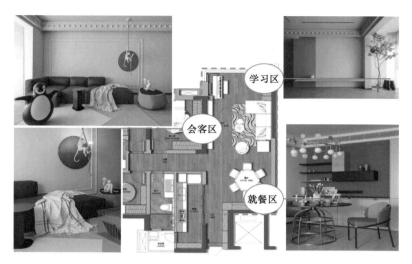

图 4-2　起居室区域划分

4. 重点要突出

因为视觉的关系，起居室的墙面理所当然地成为重点。起居室中最引人注目的一面墙为主题墙，一般放置电视、音响，合理运用装饰材料，形成起居室的视觉中心，突出整个起居室的装饰风格及文化主题。其他三面墙可以简单一些，一般起衬托作用。

知识拓展——传统厅堂

中国有一句俗语："入得厨房，出得厅堂"。这里的"厅堂"其实就是古人对起居室的叫法。

厅堂指我国古典园林建筑中的楼堂厅阁，以及宫殿中的大厅。我国古代的厅堂集多种功能用途于一体，家庭祭祀、喜庆活动、会见宾朋、长幼教谕、日常三餐等活动多在厅堂中举行。厅堂中的家具，早在宋代就有一定的陈设内容与格式，到明代后期逐渐形成了风格，并迅速流行起来。常见的厅堂家具有翘头几、供桌、八仙桌、长书案、罗汉床、茶几、香几、博古架、落地屏、插屏、镜屏、太师椅、圈椅等。中国传统厅堂的家具布置多为严格对称的布局，即家具的种类、数量、形制、用材都相同或相近，沿着房间中轴线对称陈设。这种端正、平稳的陈设布局，是古代恒定、规范的等级和社会性、公共性原则的一种体现，如图 4-3 所示。

图 4-3　中国传统厅堂

4.2 起居室空间基本要素与尺度

起居室空间
布局与尺度

起居室家具陈设方式分为集中和分散两种。小空间的家具以集中为主，大空间则以分散为主。家具摆设主要起充实空间、弥补立面空白及塑造景观的作用。得体适宜的摆设，不仅能提高环境品位，还能起到丰富空间层次和增添温馨气氛的作用。

起居室的家具应根据起居室的活动和功能性质来布置，其中最基本的、也是最低限度的要求是设计包括茶几在内的一组休息、谈话使用的座位（一般为沙发）。多功能组合家具，能存放多种多样的物品，常为起居室所采用。整个起居室的家具布置应做到简洁大方，突出以谈话区为中心的重点，排除与起居室无关的一切家具，这样才能体现起居室的特点。

起居室常用家具的尺度如下。

1. 沙发的尺度

对于沙发宽度，600mm 是最小尺度，700mm 是居中尺度，≥ 800mm 是舒适尺度。常见单人、双人及三人沙发尺寸如图 4-4 所示。

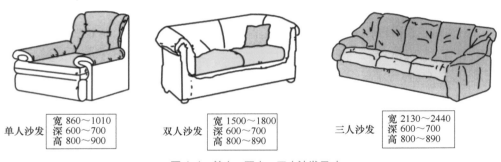

| 单人沙发 | 宽 860～1010
深 600～700
高 800～900 | 双人沙发 | 宽 1500～1800
深 600～700
高 800～890 | 三人沙发 | 宽 2130～2440
深 600～700
高 800～890 |

图 4-4　单人、双人、三人沙发尺寸

2. 茶几的尺度

茶几的形态和大小各异，茶几的尺度具体要根据沙发的尺度来决定。一般茶几分为矩形、正方形和圆形等。其基本尺度如图 4-5 所示。

3. 视听布局

从座位到电视的距离约为 1500~2100mm，最好是大于 1700mm 以上，太近会影响视线，主要做法是控制协调好茶几本身的尺度、茶几到沙发的距离和茶几到电视的距离这三者之间的关系，如图 4-6 所示。

提示：为了保证最佳视听效果，在选择时可根据公式计算：

最大电视高度 = 观看距离 /1.5

最大电视宽度 = 观看距离 /3

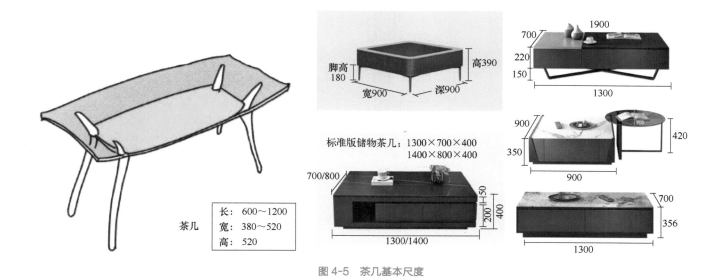

图 4-5 茶几基本尺度

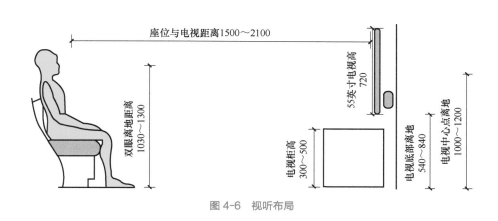

图 4-6 视听布局

起居室空间规划与平面布局 4.3

起居室布局的设计要求，要考虑的因素很多，比如动线的合理性、空间采光性、布局舒适性等。起居室的空间形式有封闭式和开敞式两种。封闭式的起居室一般为静态空间，给人以亲切感、安定感；开敞式的起居室与外部及其他空间联系较多，多为动态空间，视野开阔，使人感觉明快、敞亮。

一、起居室沙发组合形式

常见的起居室沙发组合形式有 L 形、U 形、面对面形和一字形，如图 4-7 所示。L 形沙发组合，也可以有 3+2 或 3+1 的沙发组合，如图 4-8 所示。

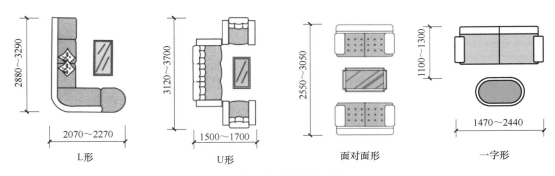

图 4-7　沙发组合形式

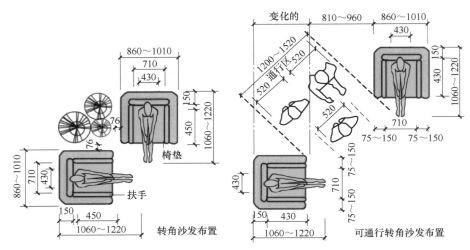

图 4-8　L 形沙发组合形式

1. L 形沙发组合形式

L 形沙发组合形式是沿两面相邻的墙面布置沙发，使其平面呈 L 形。这种组合形式比较开敞，沙发根据墙的转角进行布置，通过吊顶造型、地面高差等限定起居室的空间范围，适用于在有限空间中布置多个座位。L 形沙发组合实例如图 4-9 所示。

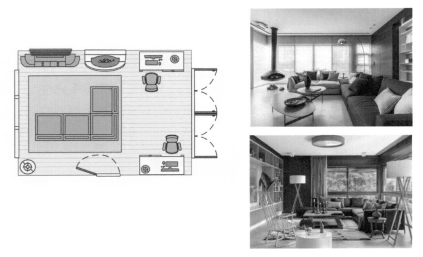

图 4-9　L 形沙发组合实例

2. U 形沙发组合形式

U 形沙发组合形式是沿三面相邻的墙面布置沙发，将沙发或椅子布置在茶几的两侧，开口对着电视背景墙、壁炉或者吸引人的装饰物，从而营造出庄重气派、亲密温馨的氛围，使人能够轻松自在地交流。U 形沙发组合实例，如图 4-10 所示。

图 4-10　U 形沙发组合实例

3. 面对面形沙发组合形式

面对面形沙发组合形式是三人或者双人与单人沙发布置在茶几两边，形成面对面交流的状态。这种组合形式具有良好的会客氛围，适合较宽敞的空间。面对面形沙发组合实例如图 4-11 所示。

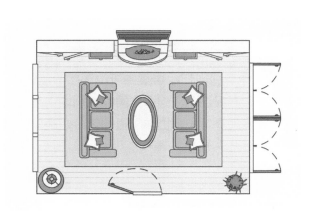

图 4-11　面对面形沙发组合形式实例

4. 一字形沙发组合形式

一字形沙发组合形式是以一字形的方式靠墙布置沙发。这种组合形式所占空间面积较小，适合于面积不大的起居室空间。一字形沙发组合实例，如图 4-12 所示。

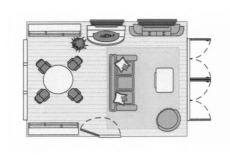

图 4-12　一字形沙发组合实例

二、起居室主要关联区域

1. 入口（玄关）

入口（玄关）由门厅进入起居室，在空间过渡上应有衔接作用，使之形成一个自然导向。设计时应避免由入口即能窥见整个室内的无掩遮设计，这是保证和提高空间的私密性及隐蔽功能的重要前提。起居室与入口（玄关）实例如图 4-13 所示。

图 4-13　起居室与入口（玄关）实例

2. 餐厅

大多数餐厅的位置都是由起居室引入的，也有很多在起居室中兼设餐厅的范例，因此，起居室与餐厅具有重要的关联因素。如果两者分开设置，应强调空间的识别性。起居室与餐厅兼容一体时，应在顶部落差、地面铺装或艺术透隔等技巧上作明显的区分处理，使起居室区域与餐厅界线分明。起居室与餐厅实例如图 4-14 所示。

图 4-14　起居室与餐厅实例

起居室空间界面设计 | 4.4

起居室的空间界面设计包括顶面、地面与立面设计。各个界面的设计手法、设计语言、材质应与住宅总体设计风格相协调，且三者之间互相关联、互相呼应。

一、顶面

顶面要满足质轻、光反射率高、隔声、隔热的功能要求。

起居室顶面设计主要以沙发组合的位置为中心，利用一定形状的吊顶，有效遮蔽顶面上的梁架结构，将空调设备、管线等隐藏在造型里面，同时结合照明设计，配合整体的风格造型，使得空间看起来富有层次感，从而起到辅助划分空间区域、加强流线的视觉引导作用。

1. 大平顶

外观简约大方，大多数搭配极简、现代等家装风格。大平顶设计实例如图 4-15 所示。

图 4-15　大平顶设计实例

2. 回字式

以轻钢龙骨加石膏板固定造型，预留灯槽，四边低、中间高；四边镶嵌筒灯，中间吊灯，是目前常见的吊顶方案。回字式顶面设计实例如图 4-16 所示。

图 4-16　回字式顶面设计实例

3. 悬吊式

在面积较大的客厅或会客区域更常见，适合层高较大的空间。悬吊式顶面设计实例如图 4-17 所示。

图 4-17　悬吊式顶面设计实例

4. 井格式

造型简单别致，在欧式风格中常出现，由于这种设计显得空间小，因此它适用于层高较大的大空间。井格式顶面设计实例如图 4-18 所示。

图 4-18　井格式顶面设计实例

5. 异形顶

在面积较大的客厅或会客区域更常见，适用于层高较大的空间。异形顶设计实例如图 4-19 所示。

图 4-19　异形顶设计实例

目前居住空间的层高普遍不大，一般不建议做大面积的吊顶与复杂的顶部造型；针对部分层高较大、面积宽敞的起居室，可稍微复杂设计，一般建议局部做吊顶，再辅以各种灯具。吊顶造型应结合平面布局、家具陈设进行设计，形成上下呼应关系。对于较低的空间，一般不做悬吊式顶面，而是在顶面与墙面的交接处做顶角线处理。

二、地面

起居室的地面设计一般来说与玄关、餐厅相关联，采取统一的材质与设计方案。由于起居室加上餐厅、玄关的面积比较大，在住宅中占主体地位，因此，起居室地面设计将主导整个住宅的视觉效果。

起居室地面设计应考虑美观，更应考虑它的耐磨、防滑、易清洁等使用性能。目前常用的地面材质包括：陶瓷地砖、石材、实木地板、复合地板等，或局部铺设地毯，需根据具体设计的风格来选配相应的地面材质。客厅地面设计实例如图 4-20 所示。

地砖材质地面　　　　　　　　　　木板材质地面

图 4-20　客厅地面设计实例

三、立面

起居室的立面设计以电视背景墙和沙发背景墙为主，它们在垂直面上主导了大面积的视觉效果，应充分考虑居住者的喜好、审美趣味、性格特点等加以精心设计，与顶面、地面的设计风格统一协调，配合电视柜与视听组合形成起居室的视觉焦点。墙面装饰宜简洁、整体、统一，可根据室内风格与造型的需要进行变化，通过材质与色彩变化、设计符号、灯光及陈设装饰突出主体墙面，弱化其他墙面。墙面材料应选择耐久、美观、触感舒适、可清洁的面层，常用的有乳胶漆、石材干挂、艺术墙纸、木饰面等。

1. 主题背景墙设计原则

1）不能凌乱复杂，以简洁明快为好。

2）色彩运用要合理。从色彩的心理作用来分析，色彩可以使房间看起来变大或缩小，给人以"凸出"或"凹进"的印象，可以使房间变得活跃，也可以使房间变得宁静。

3）注意家居整体的搭配，需要和其他陈设配合与映衬，还要考虑其位置的安排及灯光效果。

2. 常见主题背景墙设计方法

（1）以墙板为主的起居室背景墙　以墙板为主的起居室背景墙设计可综合护墙板、格栅、金属线条及灯带等，能够很好地表现产品花色、材质及大面积效果。如图 4-21 所示的案例，将护墙板与格栅设计结合起来，让整面背景墙花色材质更有层次，设计时需要注意护墙中金属线条的位置及格栅配比。另外，横向薄柜不仅有一定的储存需求，视觉上更是横竖线条和谐搭配。

图 4-21　以墙板为主的起居室背景墙

（2）墙板与组合柜综合的起居室背景墙　墙板与组合柜综合的设计是装饰与收纳的折中选择。如图 4-22 所示的案例，以岩板为整墙背景基调，使空间更有自然张力。横向做长柜，电视机内嵌其中。视觉上的突出与花色材质的碰撞形成丰富的层次。左侧选择玻璃门，内置物品有一定的展示性，加以暖光与玻璃、岩板的冷色调中和。

图 4-22　墙板与组合柜综合的起居室背景墙

（3）墙板与收纳综合的起居室背景墙　满墙柜体的设计适合有着强收纳需求的居住者。为了避免整墙全封闭柜体的压抑感，如图 4-23 所示，通常可以通过增加镂空展示柜格、上不到顶下不到底等方式增加以柜体为主的背景墙的呼吸感。图 4-23 中以半包围结构，增加了格栅及水磨石的元素，增强材质与形式的碰撞，使得层次更加丰富。宽敞的收纳电视柜可以放置全家的工具、日用品、展示摆件等。

图 4-23　墙板与收纳综合的起居室背景墙

起居室空间陈设设计　4.5

一、陈设手法

装修的风格因空间、地域、主人的喜好而异，导致陈设手法也大相径庭。

装修的风格有欧式风格、中式风格、现代风格等。在欧式风格中，陈设应以雕塑、金银、油画等为主，如图 4-24 所示。

图 4-24　欧式风格中的陈设

在中式风格中，陈设应以瓷器、扇、字画、盆景等为主，如图 4-25 所示。

图 4-25　中式风格中的陈设

在现代风格中，陈设艺术品则色彩鲜艳，讲求反差、夸张，如图 4-26 所示。

图 4-26　现代风格中的陈设

二、起居室陈设艺术品的种类

可用于起居室中的陈设艺术品种类很多，而且没有定式。室内设备、用具、器物等只要适合空间需要及主人情趣爱好，均可作为起居室的陈设装饰。

陈设品根据性质不同，大致可以分为两类：实用性陈设和装饰性陈设。实用性陈设包括家具、纺织物、家电、灯具、器皿等，它们的特点是以实际运用为主，功能性大于装饰性，同时在外观设计上也追求符合美学功能的装饰效果。

装饰性陈设是指不具备实用价值，仅作为观赏用的艺术陈设品。例如：装饰性的书法字画、摄影、雕塑、手工艺品、动植物及花卉等。

三、陈设艺术品的摆放位置

陈设可以归为使用型和美化型两种，或兼而有之，陈设的布设应从使用功能出发，根据室内人体工学的原则，确定其基本的位置；美化型的陈设则往往属于纯粹视觉上的需求，没有使用的功能，它们的作用在于充实空间，丰富视觉。这类陈设的位置则要从视觉需要出发，结合空间形态来设置。

四、起居室照明设计

一般来说，起居室照明以庄重、明亮的吊灯或吸顶灯为宜。如果房间较高，宜用白炽吊灯或一个较大的圆形吊灯，这样可使客厅显得通透，但不宜用全部向下配光的吊灯，而应使上部空间也有一定的亮度，以缩小上下空间亮度差别。如果房间较低，可用吸顶灯加落地灯，这样可以使客厅显得明快大方，具有时代感。灯具的造型与色彩要与起居室的家具摆设相协调，如图 4-27 所示。

图 4-27　起居室照明设计

项目实施

一、实施流程

根据给定户型图，结合客户需求，完成起居室空间的规划与平面布局、界面设计和陈设设计等。

二、项目背景

该案例位于上海绿地海珀外滩，项目类型为高层住宅，户型为 2 室 2 厅 2 卫，总面积 117m²，层高 3.1m，如图 4-28 和图 4-29 所示。

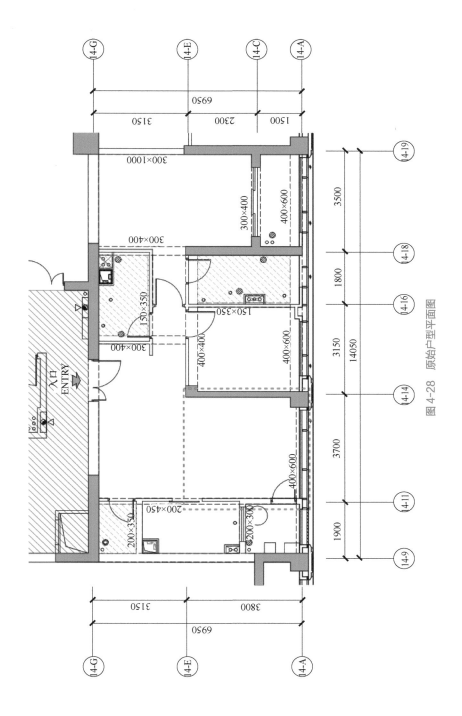

图 4-28　原始户型平面图

图 4-29　起居室效果图

三、起居室空间设计方案

1. 起居室平面布置图（图 4-30）

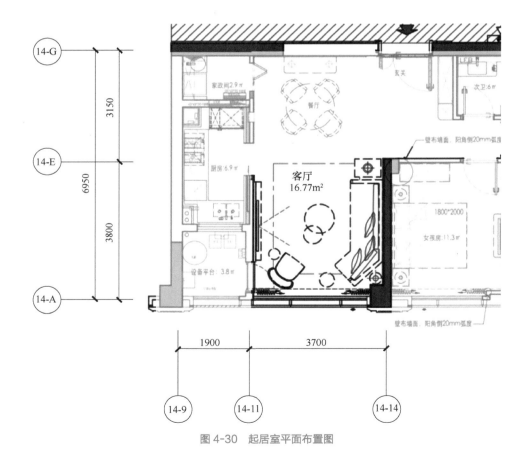

图 4-30　起居室平面布置图

2. 起居室地面铺装图（图 4-31）

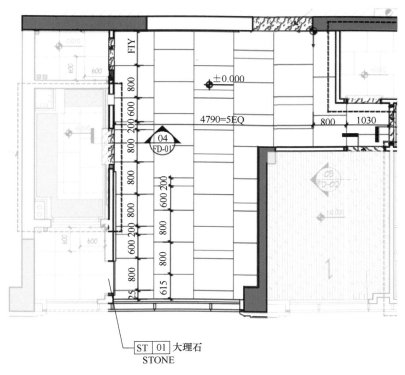

图 4-31　起居室地面铺装图

3. 起居室顶面布置图（图 4-32）

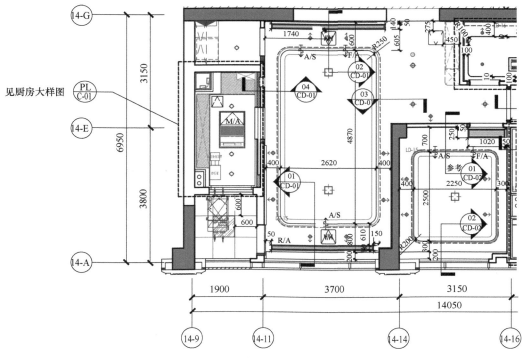

图 4-32　起居室顶面布置图

项目五

餐厅空间设计

项目概述

本项目主要介绍餐厅空间的功能与设计原则、基本要素与尺度、规划与平面布局、界面设计、陈设设计，并根据给定户型图，完成餐厅空间的规划与平面布局、界面设计和陈设设计等。

餐厅空间功能与设计原则　5.1

一、餐厅的功能

1. 用餐

现代居室空间中餐厅的基本功能就是提供舒适、轻松的就餐场所给家庭成员，如图 5-1 所示。

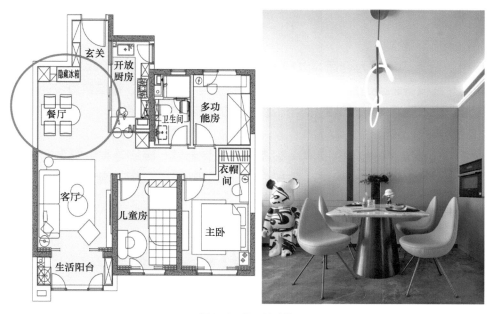

图 5-1　餐厅的功能

2. 交流

随着人们生活水平的逐渐提高，居室空间中的餐厅也逐渐成为家人之间日常交流，以及亲朋好友聚会、娱乐的场所。

3. 收纳

餐厅空间具有一定的收纳功能，多体现在餐边柜上，用于收纳家庭零食、副食品、餐具等，作为厨房空间的扩展，同时也可作为收藏酒类、精美餐具等相关物件的展示空间。

4. 阅读

除了在书房的正式工作和阅读外，有些轻松、休闲的阅读行为，在餐厅进行似乎更为温馨和有家庭气氛。此外，人们也可以在餐厅利用碎片时间，养成随时阅读的好习惯。

二、餐厅的设计原则

1. 空间整合原则

在居室中设置餐厅时，应该根据整个空间的大小和形状，进行合理的布置和配套。餐厅的设计要与居室的整体风格协调统一。

2. 实用性原则

餐厅的设计不仅要考虑美观性，还要兼顾实用性。例如，餐桌的大小和数量要与实际用餐人数相匹配，要考虑餐厅的面积和形状，同时还要考虑餐具的摆放和储藏等实用问题。

3. 空间分区原则

在居室中设置餐厅时，需要考虑到整个空间的分区布局，尽量将餐厅与其他区域分隔开来，以达到隔离噪声和保护隐私的目的。同时，也可以通过合理的隔断设计来增加空间的层次感和美观度。

4. 便捷与安全原则

餐厅位置靠近厨房较为合适，以便上菜和收拾整理餐具。餐厅的设计还应注重安全，设计配置的烹饪设备必须是合格产品，操作安全，洗手池和电源、插座数量设计要适当，注意防止电源、插座受潮漏电；地面采用防潮防滑的地砖，防止摔倒。

5. 卫生与健康原则

设计要易于清洁，不留卫生死角。设备还应避免老鼠、蟑螂等害虫对烹饪设备、用具和食品的污染。排水口要加滤网，可滤去较大点的垃圾，以免堵塞水管。

5.2 餐厅空间基本要素与尺度

餐厅一般由就餐区和收纳区构成。就餐区的家具主要为餐桌和餐椅。餐厅收纳区的家具一般为酒柜、餐边柜或碗碟柜，用于放置碗碟筷、酒类、饮料类，以及临时放汤和菜肴，也可放置小物件。

一、就餐区尺度

1. 就餐区平面尺度

在设计餐厅空间时，应该确定就餐面、就座间距与就餐高度。单人最小进餐布置尺寸、单人最佳进餐布置尺寸和三人最佳进餐布置尺寸如图 5-2 所示。

根据用餐区域的大小、形状及用餐习惯，应选择尺度适宜的家具。餐桌在形状上一般采用长方形、正方形、圆形或椭圆形，在空间有限的地方，圆形餐桌（简称圆桌）或椭圆形餐桌比相同外径的正方形餐桌（简称方桌）或长方形餐桌（简称长桌）更便于就坐。餐椅的造型、色彩要与餐桌相协调，并与整个餐厅格调一致。最小餐桌宽度及最佳餐桌宽度如图 5-3 所示。

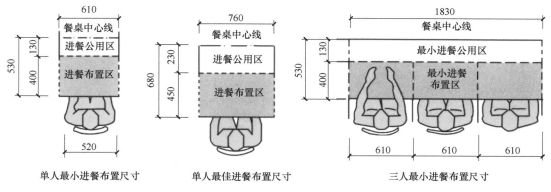

图 5-2　进餐布置尺寸

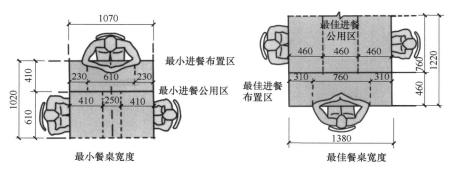

图 5-3　最小餐桌宽度及最佳餐桌宽度

常用的矩形餐桌尺寸有 700mm×850mm 的二人桌、760mm×760mm 的四人方桌、1070mm×760mm 的四人长桌、1400mm×800mm 的六人长桌、2250mm×850mm 的八人长桌。常用的圆桌尺寸有直径 500mm 的二人桌、直径 800mm 的三人桌、直径 900mm 的四人桌、直径 1100mm 的五人桌等。

2. 就餐区立面尺度

就餐区立面尺度如图 5-4 所示。一般来说，餐桌的高度为 730~760mm，搭配 400~430mm 高度的座椅。用餐时，若餐椅后面不过人，则餐桌与墙面（或障碍物）的最小距离为 760~910mm；若餐椅后面需要保证一人正面通过，则餐椅后面还应多留出 760~910mm 的通行空间。

二、收纳区尺度

酒柜（餐边柜）尺度如图 5-5 所示。吊柜进深一般为 300~400mm，可带操作台，台面进深一般为 610~810mm，台面与吊柜之间可以留空 500~600mm，用来摆放热水壶、电饭煲、饮水机等小家电。

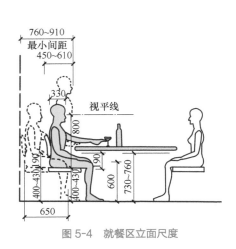

图 5-4　就餐区立面尺度

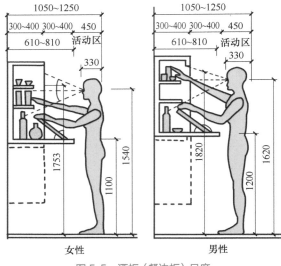

图 5-5　酒柜（餐边柜）尺度

5.3 餐厅空间规划与平面布局

餐厅空间规划
与平面布局

一、餐厅的布局形式

根据餐厅的位置不同，餐厅的布局形式一般可分为独立式餐厅（D 式）、餐厨合并式（DK 式）餐厅、客餐合并式（LD 式）餐厅三种。此外，还可根据客户需求和实际情况，进行客厅、餐厅、厨房一体化设计（LDK 式）。

1. 独立式餐厅

独立式餐厅常见于较为宽敞的住宅，有独立的房间作为餐厅，面积上较为宽裕，使用面积不应小于 6m²。独立式餐厅按使用面积大小不同又可分为小型餐厅（约 6~10.4m²）、中型餐厅（约 10.4~14.9m²）和大型餐厅（约 14.9~16.0m²），餐厅布局应与房间的面积、形状相协调。独立式餐厅布局形式如图 5-6 所示。

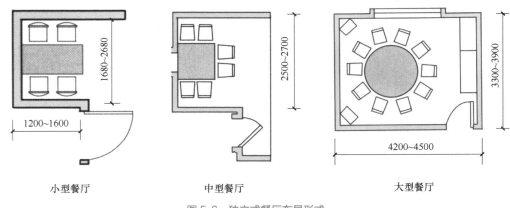

小型餐厅　　　　　　　　中型餐厅　　　　　　　　大型餐厅

图 5-6　独立式餐厅布局形式

独立式餐厅与厨房、客厅等区域互不干扰，便于清洁卫生和个性化布置，缺点是功能单一。

2. 餐厨合并式餐厅

餐厨合并式餐厅适用于空间较小的一般家庭。餐厨合并式餐厅布局形式如图 5-7 所示，厨房与餐厅同在一个空间，在功能上是先后相连贯的，即"厨餐合一"，使用面积不宜小于 $8m^2$。

餐厨合并式餐厅，就餐时上菜快速简便，能充分利用空间，较为实用，只是需要注意不能使厨房的烹饪活动受到干扰，也不能破坏进餐的气氛。要尽量使厨房和餐厅有自然的隔断或使餐桌布置远离厨具，餐桌上方应设集中照明灯具。

3. 客餐合并式餐厅

客餐合并式餐厅是小户型住宅常采用的一种布局形式，客厅与餐厅同在一个空间。客餐合并式餐厅布局形式如图 5-8 所示，使用面积不宜小于 $12m^2$。就餐区的位置以邻近厨房并靠近客厅为宜，它可以同时缩短膳食供应和就座进餐的交通线路。

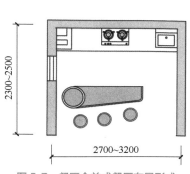

图 5-7　餐厨合并式餐厅布局形式

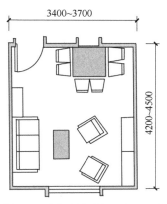

图 5-8　客餐合并式餐厅布局形式

客餐合并式餐厅，因餐厅和客厅的功能不同，容易互相干扰，饭菜气味及残渣易影响客厅的卫生与观瞻，应注意餐厅与客厅在格调上保持协调统一，并且不妨碍客厅或门厅的交通。此种布局形式，餐厅与客厅之间通常采用各种隔断手法灵活处理，如用壁式家具作闭合式分隔，用屏风、花格作半开放式分隔，用矮树或绿色植物作象征性分隔；若空间较小，则不作分隔处理。

知识拓展——中国传统就餐座次文化

在中国传统餐桌礼仪文化中，讲究座席次序，即"尚左尊东""面朝大门为尊"。若是圆桌，则正对大门的为主客，主客左右两边的位置，则以离主客的距离来看，越靠近主客的位置越尊贵，相同距离则左侧尊于右侧。若为八仙桌，且有正对大门的座位，则正对大门一侧的右位为主客。若不正对大门，则面东的一侧右位为主客。若为大宴，桌与桌间的排列讲究首席居前、居中，左边依次 2、4、6 席，右边为 3、5、7 席，根据主客身份、地位、亲疏分坐。常见餐桌座次安排示意图如图 5-9 所示。

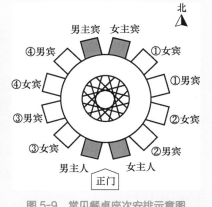

图 5-9　常见餐桌座次安排示意图

二、餐厅空间的分隔手法

在居室空间中，为保证舒适的用餐体验，适宜采用一些空间分隔手法，将餐厅与客厅、厨房进行适当分隔，以及对就餐区域进行适当围合，从而形成相对独立的餐厅（就餐区）或半开放式餐厅（就餐区）。餐厅空间的分隔手法包括采用隔墙、柱子、矮柜、隔断、过道等。餐厅内过道的设计需要考虑到居室的整体布局和人流量。过道的宽度应该保持在 1 米以上，以保证人在行走过程中不会感到拥挤和阻塞。

餐厅设计案例 1 如图 5-10 所示。餐厅与厨房之间采用隔墙和入墙式推拉门进行划分，就餐时不受厨房等其他区域影响，形成独立的餐厅空间。

餐厅设计案例 2 如图 5-11 所示。餐厅与客厅之间以隔断进行划分，并且采用圆桌，餐边柜围合式布置，强化了空间的中心感。

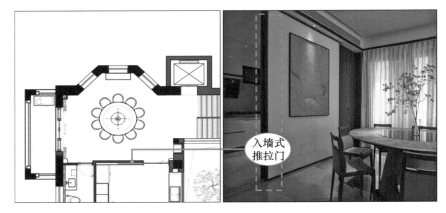

图 5-10　餐厅设计案例 1

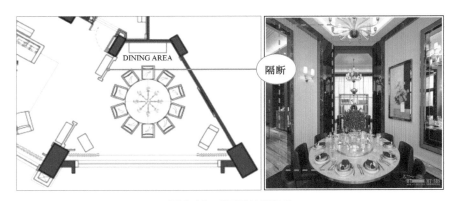

图 5-11　餐厅设计案例 2

餐厅设计案例 3 如图 5-12 所示。案例中的客厅和餐厅区域较小，因而采用矮柜分隔餐厅与客厅区域，能够保留客、餐厅的统一性和整体性。

餐厅设计案例 4 如图 5-13 所示。案例中的餐厅区域与客厅区域相对独立且宽敞，因而餐厅与客厅之间采用中式玻璃屏风，既增强了餐厅的私密性，又起到了装点美化作用。

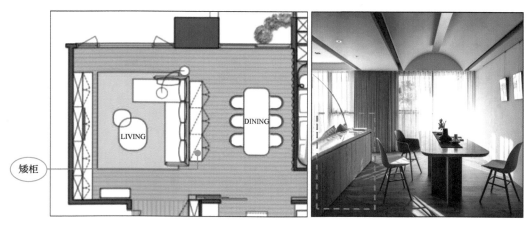

图 5-12　餐厅设计案例 3

图 5-13　餐厅设计案例 4

餐厅空间界面设计　5.4

餐厅空间界面
设计

　　餐厅的功能较为单一，因而餐厅空间界面的设计对于营造适宜进餐的氛围尤为重要。餐厅空间的界面设计包括餐厅空间的顶面、地面和立面设计。

一、顶面

　　由于餐桌是整个餐厅的视觉中心，因此顶面的设计应以餐桌为中心，这样容易使空间有围合感。餐厅顶面的几何中心应与餐桌对应，如图 5-14 所示，也可借助顶面的设计来丰富空间形态，避免呆板。顶面是餐厅照明光源主要所在，多采用吊灯，同时也可以用暗灯、槽灯的形式来营造气氛。

图 5-14　餐厅顶面的几何中心应与餐桌对应

二、地面

餐厅的地面材料应选择便于清洁、有一定防水防油污特性的材料，如瓷砖、大理石、实木地板、复合木地板等。要考虑到使污渍不易附着于构造缝之内。餐厅地面的图案可与顶面相呼应，也可灵活设计，与空间整体风格统一，如图 5-15 所示。

图 5-15　餐厅地面的图案应与空间整体风格统一

三、立面

餐厅的立面设计主要包括对餐厅墙面、隔断的设计，除应考虑与室内整体风格相协调外，还应考虑立面的实用功能和审美要求，可利用多种装饰手法，根据餐厅实际情况进行设计，以产生良好的效果。餐厅墙面的颜色宜以明亮、轻快为主。墙面的装饰要突出个性，不同材质、肌理会给人带来不同的感受。例如，显露天然纹理的原木透露出自然淳朴的气息，金属和皮革的巧妙配合具有强烈的时代感，白色的石材或涂料配以金饰可表现出华丽的风采。此外，也可通过吧台、隔断或绿化等划分餐厅与其他空间，但在风格上要与室内整体相协调，并对交通没有影响。餐厅立面设计案例如图 5-16 所示。该案例中，镂空隔断既划分了餐厅与客厅空间，又具有收纳、展示作用；充分利用餐边柜和卡座，并通过餐边柜与墙体的整体性设计进行空间风格的表达和氛围的营造。

图 5-16 餐厅立面设计案例

餐厅空间陈设设计 | 5.5

餐厅空间陈设设计是指餐厅中桌椅、餐具、装饰品等物品的布局和设计。餐厅空间中的陈设可以带来有助于饮食的"声""色""味"。例如在餐厅中摆设鱼缸、盆景等物件，体现了中国传统的审美情趣，水声潺潺也会使家里显得更有生命活力。

一、陈设设计的要点

1. 功能性布局

在餐厅空间的陈设设计中，应保证就餐者能够舒适地用餐。餐厅的桌椅摆放应该考虑到就餐者的舒适度和通行方便，餐桌的大小也要根据就餐人数和餐具摆放等因素进行合理设计。

2. 风格统一

餐厅空间的陈设设计应该根据餐厅的整体风格进行，以确保整个餐厅的风格和谐一致。例如，中式风格的餐厅可以采用传统的装饰品和陈设，而现代风格的餐厅则应该采用简约和现代的陈设。

3. 色彩搭配

餐厅空间的陈设设计中，颜色的搭配可以影响到餐厅的整体氛围和形象，例如采用柔和的色调可以创造出温馨和舒适的氛围，而鲜艳的颜色则可以创造出活力和时尚的氛围。餐厅陈设应以暖色系为佳。一般来说暖色系会增进人们的食欲，而冷色系会让人对食物失去兴趣。

4. 装饰品搭配

餐厅空间的陈设设计中，装饰品的搭配可以增加餐厅的艺术氛围和美感，例如采用绿植、装饰画、瓷盘等装饰品。餐厅陈设设计案例如图 5-17 所示。

图 5-17　餐厅陈设设计案例

二、绿植、装饰品的相关设计要点

1. 花卉、绿植

在餐桌上合理地摆放一些花卉和绿植可以增加餐桌的美感和舒适度，同时也可以增加餐厅的氧气含量。在餐厅的角落布置叶片宽大的常绿植物，既能吸收空间中的污浊之气，又能带来植物特有的清香。

植物的颜色可以给大脑皮层以良好的刺激，合理的摆放可以使人们的神经系统在紧张的工作和思考之后，得以放松和恢复，给人以美的享受。例如独立设置的盆栽，主要有乔木或灌木，它们往往是室内的景观点，具有很好的观赏价值和装饰效果，应放在突出和重要的位置；吊兰之类的花草，可以悬吊在空中或是放置在组合柜顶端角处，与地面植物产生呼应关系，这可以形成线的节奏韵律，与隔板、橱柜以及组合柜的直线相对比，具有自然美和动态美等。

2. 瓷盘、壁挂

一般来说，就餐环境的气氛要比睡眠、学习等环境轻松活泼一些。装饰时，最好注意营造一种温馨祥和的气氛，以满足居住者的聚合心理。餐厅墙面的气氛既要美观，又要实用。不妨在餐厅的墙壁上挂一些瓷盘、壁挂等工艺品，也可以根据餐厅的具体情况灵活安排，用以点缀、美化环境，但要注意的是切忌喧宾夺主，杂乱无章。

3. 餐厅装饰画

餐厅装饰画一般以小尺寸为主，否则会有强烈的压抑感，500~600mm 即可。当然，也要考虑到餐厅的空间以及墙面高度，营造一种明朗、精美的布局效果。

三、餐具的摆放

餐具的摆放也是餐厅空间陈设设计中的一个重要方面。餐具的摆放应该保证干净整洁，同时也要根据不同的菜品合理设置，以方便使用。餐具的摆放也要考虑到美感和艺术感，例如可以在餐桌上摆放一些精美的餐具。

四、餐厅空间照明设计

1. 设计要点

居室空间餐厅的照明设计应该综合考虑到舒适度、功能性和美观性。在照明方式上，一般采用天然采光和人工照明结合。以下为居室空间餐厅照明设计的要点。

（1）舒适度 餐厅的照明应该使就餐者感到舒适和放松。照明强度不宜过强或过弱，以免影响就餐体验。同时，应该避免刺眼的照明，如避免直射眼睛的灯光。可以选择柔和的照明，如温暖的黄色灯光或柔和的壁灯。

（2）功能性 一般在餐厅顶部设置主光源。餐厅的照明以照亮食物、餐桌和用餐者，但不刺眼为宜。照明应该避免出现强光和弱光交替的情况。可以采用吊灯、吸顶灯、壁灯、筒灯、射灯等不同类型的灯具来达到均匀照明的效果。

（3）美观性 餐厅的照明设计应该考虑美观性，灯饰应与餐厅整体风格相匹配。例如，在中式风格的餐厅中，可以使用装饰性强的吊灯或筒灯，营造出古典、典雅的氛围。在现代风格的餐厅中，可以选择简约、线条流畅的灯具，增加现代感。北欧风格的餐厅，可选用木色、精致的吊灯，营造出清新、静谧的氛围。餐厅风格设计案例如图5-18所示。

中式风格餐厅　　　　　　现代风格餐厅　　　　　　北欧风格餐厅

图5-18 餐厅风格设计案例

2. 餐厅的基本配光要求

（1）照度 餐厅灯光不需要过高的照度，光束能够照亮桌面范围内的菜肴及用餐操作区域即可，详见表3-3。

（2）居家餐厅灯光 色温应控制在2700~4000K之间，不宜过高或过低。

（3）灯光的显色性 显色性值越高，就越能还原菜肴本色。根据建筑照明设计标准，建议居家餐厅的灯光显色性在R_a>85的水平。

3. 餐厅的灯具配置

餐厅的灯具布置包含以下要点。

（1）餐厅的主光源以吊灯为佳 在餐桌的上方配合顶面的设计布置吊灯，以突出餐桌的效果。吊灯需对应餐桌的正中央。吊灯的悬挂高度不能太低，以免影响目光交流或整理和铺设桌子时的顶部空间，以灯具底部距离桌面600mm左右为宜，可根据用餐者身高进行适当调节。一般选择下照式的小型吊灯，灯罩宜用外表光洁的玻璃、塑料或金属材料，以便随时清洗。柔和的光线通过下照式灯罩汇聚在餐桌中心，便于用餐者将视线集中在菜肴上。此外，选择暖色光可以增进食欲，如图5-19所示。

（2）注意事项 为防止眩光，通常只需要将光源装在吊灯灯罩的三分之二处上下即可；装得过低会出现眩光，装得过高会将光束拉得过于集中，使得照射范围不够。

在顶面其他位置可安装嵌入式吸顶灯，不仅使整个餐厅具有一定的明亮感，也显示出清洁感。在主光源附近可设置一些低照度的辅助光源，丰富光线层次。辅助光源以筒灯和射灯较为常见。另外，自下而上的柔和光线，例如烛光或者从桌子上面反射的光线也较为适宜。

图 5-19　餐厅的灯具配置

由于餐厅空间跟厨房通常比较近，且容易被饭菜腾起来的"雾气"弄湿，因此餐厅空间不宜使用木质、布艺材质的灯具；宜选用玻璃类、不锈钢、亚克力类的灯具，这些灯具表面光滑、不吸水，清理起来较为容易。不建议选用水晶灯，否则不便于后期清洁维护。

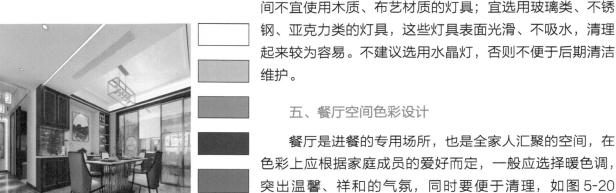

图 5-20　餐厅空间色彩设计

五、餐厅空间色彩设计

餐厅是进餐的专用场所，也是全家人汇聚的空间，在色彩上应根据家庭成员的爱好而定，一般应选择暖色调，突出温馨、祥和的气氛，同时要便于清理，如图 5-20 所示。

餐厅的色彩基调应与家具、装饰等相协调，避免过于浓烈或刺眼的颜色，以免主次不明，影响整体美观。可以采用相似色搭配，如黄色与绿色、红色与紫色等，这样可以让餐厅空间更加和谐统一。

 项目实施

一、实施流程

根据给定户型图，结合客户需求，完成餐厅空间的规划与平面布局、界面设计和陈设设计等。

二、项目背景

该项目位于上海绿地海珀外滩，项目类型为高层住宅，户型为 2 室 2 厅 2 卫，总面积 117m²，层高 3.1m，如图 5-21 和图 5-22 所示。

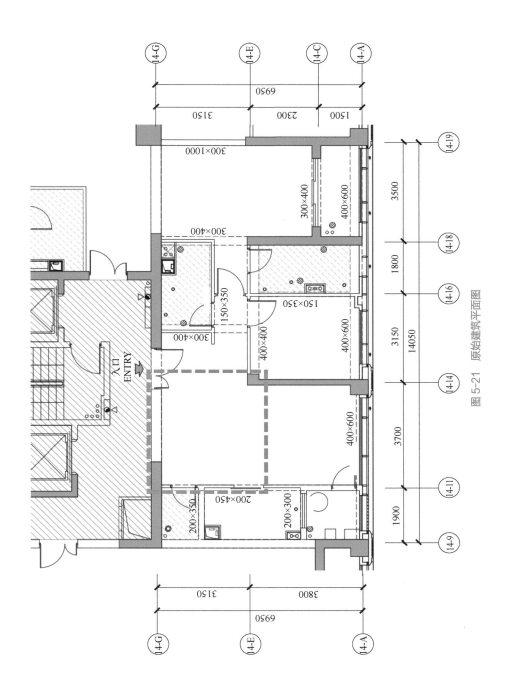

图5-21　原始建筑平面图

图 5-22　餐厅效果图

三、餐厅空间设计方案

1. 餐厅平面布置图（图 5-23）

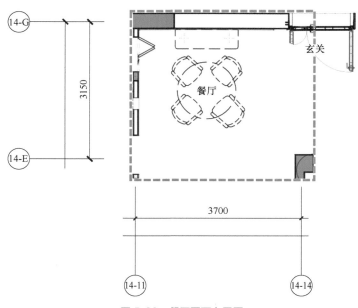

图 5-23　餐厅平面布置图

2. 餐厅地面铺装图（图 5-24）

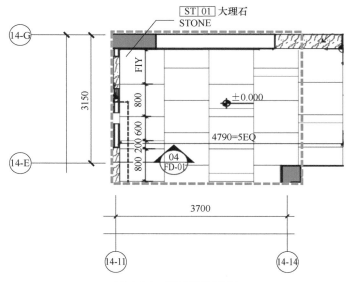

图 5-24　餐厅地面铺装图

3. 餐厅顶面布置图（图 5-25）

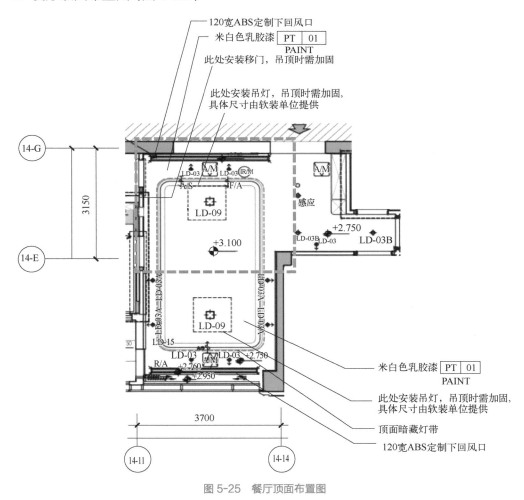

图 5-25　餐厅顶面布置图

4. 餐厅立面图（图 5-26 和图 5-27）

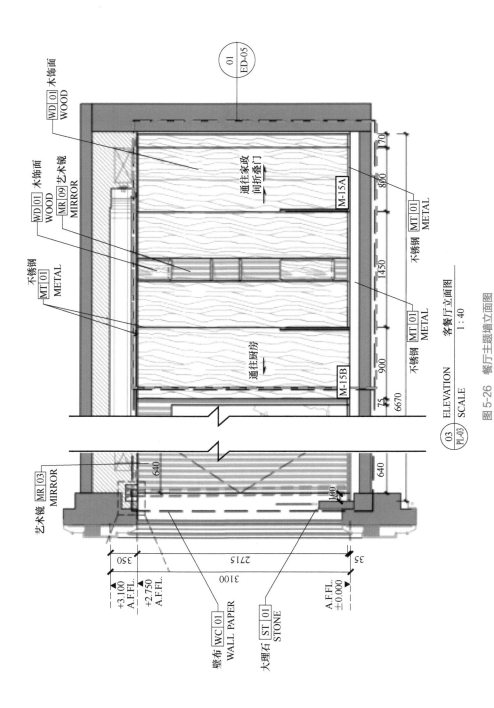

图 5-26 餐厅主题墙立面图

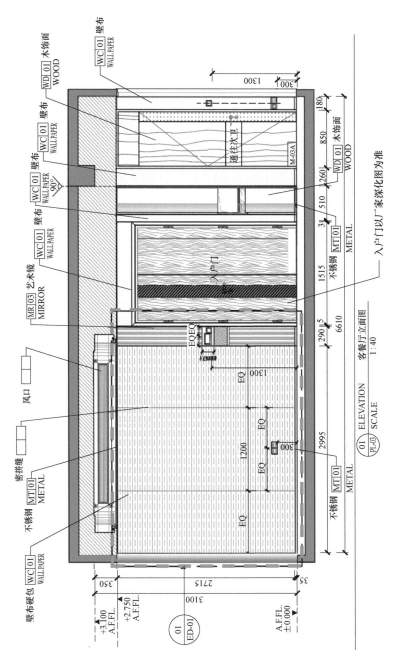

图 5-27　餐厅酒柜背景墙立面图

项目六

卧室空间设计

项目概述

本项目主要介绍卧室空间的功能与设计原则、基本要素与尺度、设计要点、界面设计以及陈设设计，并根据给定户型图，完成卧室空间的规划与平面布局、界面设计和陈设设计等。

知识链接

卧室空间功能与设计原则　6.1

卧室空间设计
概述

一、卧室功能

1. 睡眠

卧室的核心功能就是为居住者提供睡眠，要保证居住者有安静、舒适的心情，就要营造能让人安心入睡的环境。

2. 工作、阅读

有些住宅没有条件设置单独的书房，而家中成员每个人都有即时阅读与工作的需求，如果说书房的工作和阅读比较正式和紧张，那么卧室的阅读和工作则是即时和较为放松的。因此，现代家庭的卧室设计经常会带有小型的工作区域。

3. 储物

卧室与睡眠有关，居住者每日入睡前、起床后都有更衣梳妆的行为过程，因此，卧室也应有储物功能。

4. 交流、视听

在休息时播放音乐，或者观看影视节目，能调节生活气氛，增加生活乐趣，放松心情，也能作为独立活动，不影响其他人休息，如图 6-1 所示。

二、卧室设计要求与原则

1. 私密性

卧室的私密性主要包括不可见隐私和不可听隐私。不可见隐私要求具有严密的保护措施，包括门扇和窗帘的严密度；不可听隐私要求空间具有隔声能力。

图 6-1　卧室设计效果图

> **提示：** 卧室的隔声要求详见《住宅设计规范》(GB 50096—2011)。

2. 环保性

卧室相对其他空间而言，更应关注空气污染物限值。由于卧室较为封闭，且家具摆放多，因此卧室所用材料非常重要。此外，卧室应注意通风。

3. 空间性

（1）小型卧室　小型卧室的面积一般为 6~15m²，这类卧室的平面布局是卧室设计的基本形态，刚好够放下一张床、床头柜与衣柜；有时还可以放一张书桌或者梳妆台，在设计时以布局紧凑、尺度合理为原则。

（2）中型卧室　中型卧室的面积一般为 15~25m²，通常用来做主人卧室或是大户型里的客卧，相应地，卧室空间与功能也比小型空间丰富。一般中型卧室可通过片段式墙体或家具来分隔出衣帽区或者休闲空间等辅助功能空间。

（3）大型卧室　在大型的住宅尤其是别墅住宅中，主卧室的面积可能达到 25m² 以上，此时卧室就不仅仅是简单地提供休息睡眠的场所，而是围绕睡眠空间组成的休息、休闲、更衣、工作、娱乐空间，它以睡房为中心，呈独立形态的书房、衣帽间、卫生间甚至是休闲娱乐空间围绕在周围，整体称为套间。

4. 照明度

卧室在灯饰方面力求气氛和谐、色彩淡雅、光线柔和，营造良好的入睡氛围。可选用吸顶灯作为基础照明，满足卧室活动（如整理床铺、穿衣戴帽等）要求；床头可设落地灯或壁灯作为局部照明，满足睡前阅读的需要。

知识拓展——中国古代建筑中的"室""房""堂"

中国古代建筑一般采用均衡对称的方式，沿着纵轴线与横轴线双向延展。一般而言，比较重要的建筑都安置在纵轴线上，次要房屋安置在左右两侧的横轴线上，再由围廊、围墙之类环绕成庭院。北京故宫博物院、传统四合院、江南天井院落，基本都沿用这种原则而建。

古语中的"室""房"指专门提供休息、睡眠的空间，具体称谓因主人的身份、地位不同而不同。从周代开始，中国传统建筑基本布局已经形成，住宅的主体建筑通常由"堂""室""房"组成。"堂"相当于现在的客厅，是供主人接待宾客、举行礼仪的场所；"室"即寝室，一般在"堂"后面，要入室必先到堂，所以有"登堂入室"的说法。

6.2　卧室空间基本要素与尺度

一、床与床头柜

床与床头柜往往以组合的方式使用，如图 6-2 所示。单人床的宽度为 900~1200mm，双人床的宽度为 1500~2000mm，长度为 1900~2000mm，与之组合的床头柜一般是（400~500）mm×（400~500）mm。床四周要留有足够的通道和站立空间，通行距离不宜小于 500mm，考虑到方便两边上下床、整理被褥、开拉门取物等动作，该距离最好不要小于 600mm；当照顾到穿衣动作的完成（如弯腰、伸臂）等，该距离应保持在 900mm以上。

图 6-2 床与床头柜

二、衣柜

衣柜一般分两种类型。一种是平开门衣柜，这种衣柜所占的空间厚度比较小，在 550~600mm 之间，但是开门时所占的空间要求大于衣柜门扇的宽度。另一种是推拉门衣柜，这种衣柜的厚度本身稍微大一些，在 600mm 左右，但是开门时所需空间比较小，对衣柜前通道的要求比较低，如图 6-3 所示。

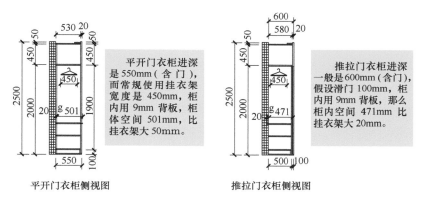

平开门衣柜进深是 550mm（含门），而常规使用挂衣架宽度是 450mm，柜内用 9mm 背板，柜体空间 501mm，比挂衣架大 50mm。

推拉门衣柜进深一般是 600mm（含门），假设滑门 100mm，柜内用 9mm 背板，那么柜内空间 471mm 比挂衣架大 20mm。

平开门衣柜侧视图　　　　推拉门衣柜侧视图

图 6-3 衣柜侧视图

三、电视柜

在很多卧室中，会在床尾的位置设置一个电视柜。电视柜体积比较小，或贴墙而放，或用来分隔通道空间。在设计时需要注意电视柜与床之间的通道至少在 600mm 以上，以便单人正面通行。在卧室空间有限的情况下，可以考虑在电视墙一侧设置组合柜，集梳妆台、电视柜、置物架功能于一体，不仅视觉上美观统一，而且避免了凌乱感，如图 6-4 所示。

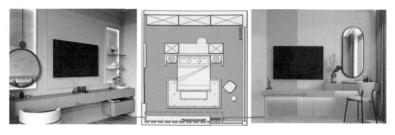

图 6-4 卧室电视柜

6.3 卧室空间设计要点

卧室可以按人群特性、使用功能、人际关系进行分类，见表6-1。

表6-1 卧室的分类

分类方式	类型
按人群特性分类	子女卧室、中年卧室、老年卧室
按使用功能分类	单人卧室、双人卧室、主卧
按人际关系分类	主卧、次卧、佣人房、客房

卧室空间的分类

主卧空间设计

设计中应针对各类人群的生理特点与需求，确定不同的设计要点。

1. 主卧

主卧的布置应符合隐秘、宁静、便利、合理、舒适和健康等要求，在充分表现个性的基础上，营造出优美的格调与温馨的气氛。

主卧一般应布置于整个住宅的尽端，最安静、私密的位置。在满足睡眠需求、衣物收纳的基础上，应尽可能地提供给居住者私密、专属、关怀的多层次休息生活空间。在条件允许的情况下，可以提供独立的盥洗空间。空间再大一些的卧室，可设置单独的更衣、储物、梳妆空间，为主人创造更为舒适的起居更衣环境，如图6-5所示。

图6-5 主卧

除了上述功能以外，主卧还可以设置舒适的交流、休闲空间，可以是一组沙发椅或休闲座椅组成的视听空间或阅读空间，使主卧与其他空间互相保持独立性。

2. 子女卧室

子女卧室是子女成长与发展的私密空间，在设计上应充分照顾到子女的年龄、性别与性格等特定的个性因素，根据他们在不同年龄阶段的不同特点进行相应的设计。总的来说，子女卧室的设计应该遵循以下几个原则。

儿童房设计

（1）安全性　子女对世界的认知处在从无到有的过程中，他们还未完全懂得保护自己，因此，子女卧室的安全性尤为重要。除了选用环保以及具有缓冲功能的材质做界面装饰以外，家具也应选择专用家具。

（2）可变、适应性　子女的身体处在快速发育的过程中，相应的活动尺度和范围也会产生变化，因此子女卧室的设计要充分考虑家具摆设与空间规划的活动性与可变性，以便随时调整，适应不同时期的子女的生理需求。

（3）个性化　根据不同性别、不同个性的子女的个人喜好设置适合他们的环境，能使得他们的身心健康得到更好的发展。

按子女的年龄阶段不同，子女卧室分为婴儿卧室、幼儿卧室、儿童卧室、青少年卧室、和青年卧室。针对不同年龄阶段的子女，其卧室设计特点也有所不同，例如婴儿可与父母共居一室；幼儿需要有游乐场所，使其能尽情发挥自我；青年子女宜有适当的私密空间，使其工作、休闲都能避免外界侵扰，情绪与精力都能正常发挥，详见表6-2。

表 6-2　子女卧室的设计要点

子女卧室类型	年龄阶段	设计要点	图示
婴儿卧室	初生到周岁婴儿	（1）配置婴儿床，需设婴儿护理柜、安全椅、简单玩具 （2）可单独设育婴室或在主卧设育婴区，以卫生、安全为原则	
幼儿卧室	1~6 岁之间的幼儿，学龄前期	（1）安全，具有便于照顾的适宜位置，近父母卧室，邻近休闲室 （2）充分的阳光，新鲜的空气，适宜的室温 （3）有游乐区域	
儿童卧室	学龄期儿童、小学期	（1）开始学业，创造学习的氛围 （2）重视游戏活动，引导儿童的兴趣 （3）启发创造能力	

（续）

子女卧室 类型	年龄阶段	设计要点	图示
青少年 卧室	12~17 岁， 青少年，中学期	（1）青少年身心发展快速，但未真正成熟，热情鲁莽兼有，且易冲动。卧室风格应纯真活泼，富于理想，并有自我展现的载体 （2）学习、休闲需重视，陶冶情操	
青年卧室	18 岁及以上	身心皆成熟，卧室风格需体现学业或职业上的特色和个人特性	

3. 老年卧室

老年人生活状态平静、休闲，身体趋于老化，身体机能逐渐衰退，行动日渐不便。老年卧室的设计首先要保证居室的安静和便利，一般设置在靠近出入口的位置；如果是多层住宅或者别墅，一般设置在一楼。

老年卧室要保证家具、活动空间的无障碍设计，尺度尽量宽敞些。有条件的情况下可以设置阅读休闲区域，以及独立的、符合无障碍设计标准的盥洗空间。在造型、色调的设计上，老年卧室一般应偏沉稳、内敛，既能保持老年人平静的心态，也能给予老年人生活中美的感受。表 6-3 为老年卧室专属设施。

表 6-3　老年卧室专属设施

设施名称	扶手	夜灯	床头开关及呼叫器	分体床垫
图示				

6.4　卧室空间界面设计

卧室空间界面设计

一、顶面

卧室的顶面设计主要依据卧室整体风格而定，其形状、色彩是卧室设计的重点之一。一般以直线条及简洁、淡雅、温馨的暖色系或白色顶面为设计首选。在符合整体造型需要的前提下以床为视觉设计中心，并通过局部吊顶制造一些简洁的层次，如图 6-6 所示。

图 6-6　卧室顶面设计

二、地面

卧室的地面应具备保暖性，采用中性色或暖色调，材料常用木地板或地砖等，可在适当位置辅以地毯做装饰。在具体设计中，一般可根据整体风格决定地面风格，如古典欧式风格可选用石材或仿古瓷砖加地毯点缀；中式风格可选用木地板；现代风格和北欧风格则范围更广泛，选用木地板、瓷砖、地毯都能营造出各种不同的效果，如图 6-7 所示。

图 6-7　卧室地面设计

三、立面

卧室的视觉中心在床头、床尾对应的两个立面墙体上。床头上部的主体空间可设计一些个性化的装饰品，选材宜配合整体色调，烘托卧室气氛。卧室墙面常见材料有涂料、壁纸、木饰面，如图 6-8 所示。

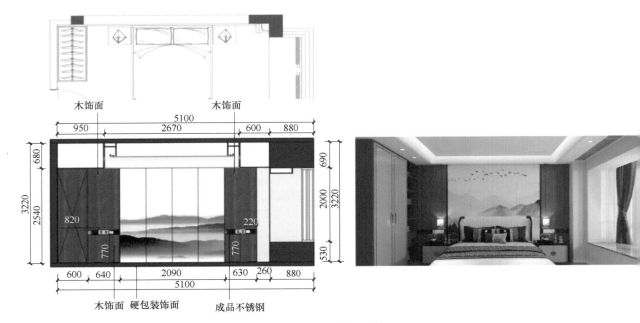

木饰面　　　　　　　木饰面

木饰面　硬包装饰面　　成品不锈钢

图 6-8　卧室立面设计

6.5 卧室空间陈设设计

一、家具

欧式风格的家具造型经典，细节精美，以西方古典装饰纹样为设计元素，但体积比较大，造价高，大多数中等户型的卧室可以选择简约欧式家具，细节被简化了不少，也更容易搭配，如图 6-9 所示。

图 6-9　欧式风格卧室家具

中式风格的家具一般为实木家具，造型考究，形态优美。在卧室中，符合现代人睡眠起居习惯的家具大多经过功能和结构上的改良，基本属于现代中式家具，造型趋于简洁，如图 6-10 所示。

图 6-10　中式风格卧室家具

　　现代风格的家具以高品质、简单化为理念。设计简单大方，给人以时尚、前卫、优雅之感，在透露生活本真纯粹的同时，又融合了奢华和内涵的气质，如图 6-11 所示。

图 6-11　现代风格卧室家具

　　北欧风格卧室家具素以直线和曲线的完美搭配而著称，注重流畅的线条设计，以浓厚的现代主义特色和返璞归真的品质理念，来突出简洁、实用等特点，反映出宁静自然的北欧生活方式，如图 6-12 所示。

图 6-12　北欧风格卧室家具

二、灯具

　　卧室中常用的灯具包含床头灯和吸顶灯两种，床头灯有床头壁灯和台灯两种。床头灯的运用原则如下。

　　1）如果主人有晚上读书的爱好，可以把床头壁灯放在床中间，看书的人把灯扭向自己方向，不影响枕边人休息。

　　2）尽量不采用夹灯，以免掉下来伤害到人。

　　3）如果主人平时没有在床上读书的习惯，可以在床的两边放漫射的台灯或壁灯，用于起夜时的照明，平常还有种朦胧感，能起到调节气氛的作用。

吸顶灯的运用原则：如果想要卧室内增加整体照明亮度，可以安装主灯，注意不要安装在床的正中心，否则会给人很不安全的感觉。吸顶灯可以安装在床尾的中间位置，如图 6-13 所示。

图 6-13　卧室灯具

三、装饰品

1. 花艺

卧室花品以单一颜色为主，花色杂乱不能给人"静"的感觉。中老年卧室以色彩淡雅为主，如图 6-14 所示。

图 6-14　卧室花品

2. 画品

卧室的装饰画需要体现"卧"的情绪，并且强调舒适与美感的统一。通过装饰画的色彩、造型、形象以及艺术化处理等，创造舒畅、轻松、亲切的意境。儿童房色彩要明快、亮丽，选材多以动植物、漫画为主，配以卡通图案；挂画的方式不需要挂得太过规则，可以尽量活泼、自由一些，如图 6-15 所示。

图 6-15　卧室画品

3. 工艺品

工艺品的摆放会让卧室空间充满艺术的气息，也能够体现出卧室主人的喜好与特点，在选择卧室工艺品时，要考虑到卧室的整体风格、色调以及个人喜好。

卧室可以选择的工艺品有：相框、石膏摆件、玻璃摆件、铁艺摆件、香薰制品、花瓶等，还可以摆放有价值的收藏品，为空间环境增添艺术性与趣味性，如图6-16所示。

图 6-16 卧室工艺品

四、床上布艺

床是卧室布置的主角，床上布艺在卧室的氛围营造方面具有不可替代的作用。床上布艺除了具有营造装饰风格的作用外，还具有适应季节变换、调节心情的作用。例如，夏天选择清新淡雅的冷色调布艺，可以达到心理降温的作用；冬天可以采用热情张扬的暖色调布艺，营造视觉上的温暖感；春秋则可以用色彩丰富一些的床上布艺营造浪漫气息。窗帘的搭配也非常重要。在居室的整体布置上，布艺的色彩、款式、意蕴等也要与其他装饰物呼应协调，它的表现形式要与室内装饰格调统一，如图6-17所示。

图 6-17 卧室布艺

项目实施

一、实施流程

根据给定户型图，结合客户需求，完成卧室空间的规划与平面布局、界面设计和陈设设计等。

二、项目背景

该案例位于上海绿地海珀外滩，项目类型为高层住宅，户型为2室2厅2卫，总面积117m²，层高3.1m，如图6-18和图6-19所示。

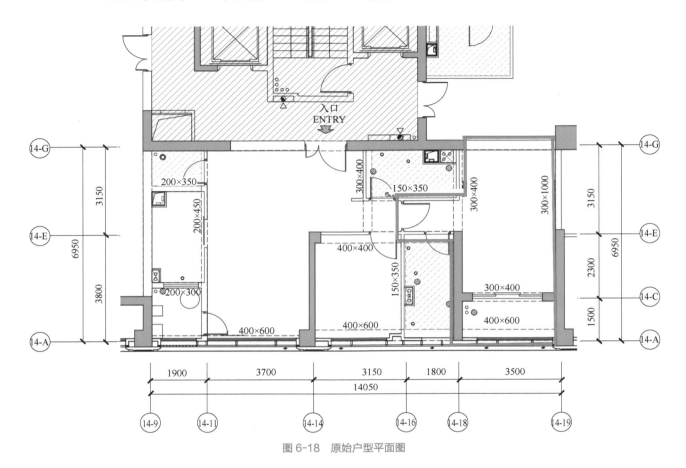

图6-18 原始户型平面图

图6-19 卧室效果图

三、卧室空间设计方案

1. 卧室平面布置图（图6-20）

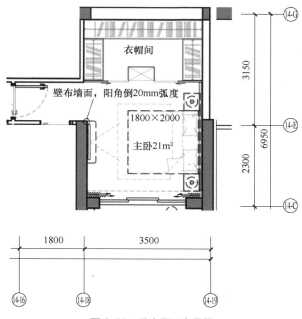

图 6-20　卧室平面布置图

2. 卧室地面铺装图（图6-21）

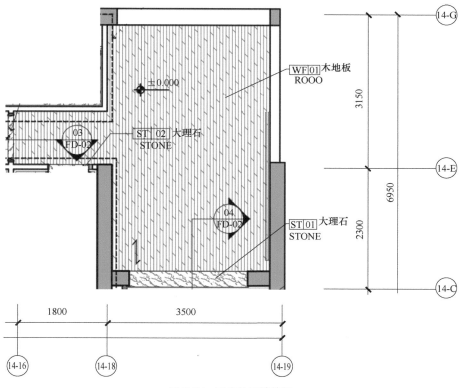

图 6-21　卧室地面铺装图

3. 卧室顶面布置图（图6-22）

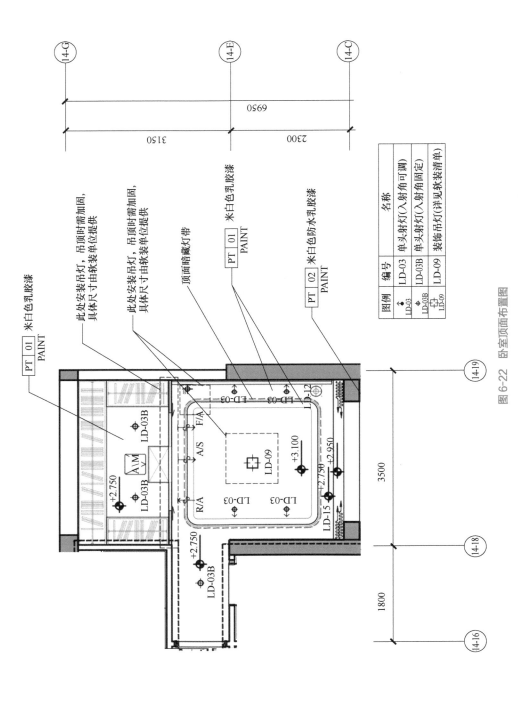

图6-22 卧室顶面布置图

图例	编号	名称
LD-03	LD-03	单头射灯(入射角可调)
LD-03B	LD-03B	单头射灯(入射角固定)
LD-09	LD-09	装饰吊灯(详见软装清单)

4. 卧室床头背景墙立面图（图6-23）

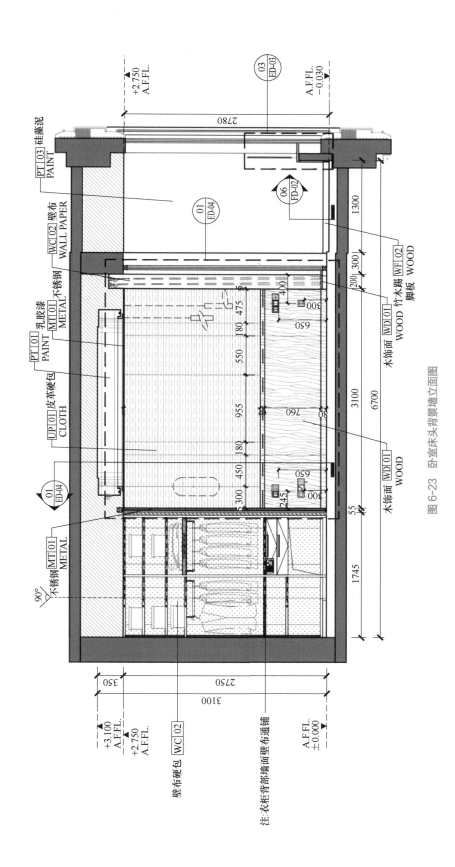

图6-23　卧室床头背景墙立面图

项目七

书房空间设计

项目概述

本项目主要介绍书房空间的功能与设计原则、基本要素与尺度、空间规划与平面布局、陈设设计，并根据给定户型图，完成书房空间的规划与平面布局、界面设计和陈设设计等。

知识链接

书房空间功能与设计原则　7.1

书房设计

一、书房功能

书房的主要功能包括阅读、书写、创作，此外根据不同的情况还有会客、交流、商讨和书刊、资料、用具存放等功能，如图 7-1 所示。

阅读办公：作为阅读、书写以及业余学习、研究、工作的功能空间。

休闲娱乐：品茗、品酒、鉴赏、收藏等行为活动通常与读书紧密联系在一起。

社交与会客：人们可以在书房中设置个人兴趣空间，或是在书房中会见朋友与客人。

图 7-1　书房的功能

二、书房设计原则

书房是一个工作空间，但绝不等同于一般的办公室，它要和整个家居的气氛相和谐，同时又要巧妙地应用色彩、材质变化以及绿化等手段来创造出一个宁静温馨的工作环境。根据使用者的工作习惯布置家具、设施甚至艺术品，以体现主人的爱好，应富有情趣和个性。如图 7-2 所示，书房设计原则包括以下两个。

1. 营造氛围

营造安静、舒适的氛围，以便使用者可以随时进入专注的状态，快速开始阅读或工作。

2. 提高效率

运用科学的设计理念，选择合理的配色和照明，以提高工作效率。

图 7-2　书房设计原则

7.2 书房空间基本要素与尺度

一、基本要素

1. 书籍陈列类

书籍陈列类包括书架、文件柜、博古架、保险柜等。其尺寸以大小适宜及使用方便为参照来设计，如图 7-3 所示。

图 7-3　书籍陈列类

2. 工作台

工作台一般放在窗前，以获得更好的采光。台面大小可以灵活掌握，台面的整体形式需仔细考虑经济、节省空间的方式，包括写字台、操作台、绘画工作台、电脑桌、工作椅，如图 7-4 所示。

图 7-4　工作台

3. 附属设施类

附属设施类包括休闲椅、茶几、文件粉碎机、音响、工作台灯、笔架、计算机等，如图 7-5 所示。

二、主要家具的尺度

书房家具要讲究人性化，在注意造型、质量和色彩的同时更要满足人体工程学的要求。

主要家具包括书桌（或电脑桌）、座椅、书柜三种（图 7-6）。

图 7-5　附属设施类

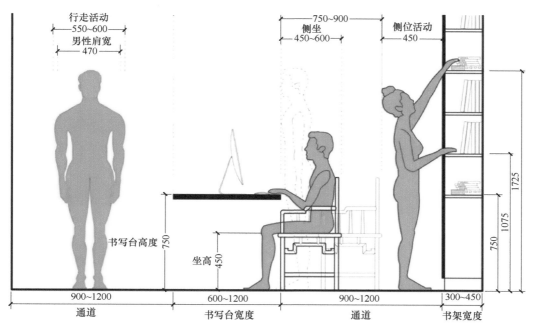

图 7-6　标准型书房立面尺寸

1. 书桌

书桌台面宽度宜为 600~1200mm，高度宜为 750~780mm；考虑到两腿要有足够自由的空间，桌下净高应大于 600mm。

2. 座椅

高度为 380~450mm。

3. 书柜

书柜的形式主要有单体式、组合式和壁橱式三种，设计高度通常在 1800mm 左右，其中地面至 750mm 左右高度为密闭式，收藏不经常取阅的书籍；750mm 以上高度采用通透或开敞式，存放常阅的书籍，设计深度一般为 300~450mm。

座椅的活动区深度不宜小于 550mm。当座椅活动区后部不需要保留通道时，书桌边缘与其他障碍物之间的距离不宜小于 750mm；当需要保留通道时，该距离不要小于 1000mm，如图 7-7 所示。

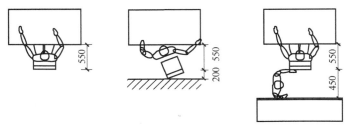

图 7-7　书桌与座椅布置的平面尺寸

7.3　书房空间规划与平面布局

一、独立书房

独立书房可以容纳宽大的写字台、活动转椅、大贮藏量的组合柜具，并且可以自由组合和摆设，开辟出一个安静独立的区域，无论办公、阅读或是休闲都可以全身心投入，受干扰小，大大提高工作效率。独立书房对于户型的面积有一定的要求，如图 7-8 所示。

图 7-8　独立书房

二、书房与卧室结合

平时作为书房使用，有来访者时也可充当卧室使用，如图 7-9 所示。

三、书房与客厅结合

如果空间有限，那么书桌也可以设置在客厅，例如把书桌设计在沙发后面，可以一边照顾孩子一边工作，但是环境声音控制效果不佳，如图 7-10 所示。

图 7-9　书房与卧室结合

图 7-10　书房与客厅结合

四、阳台改造的书房

对于小户型来说，可以把书房与阳台结合起来，如图 7-11 所示。

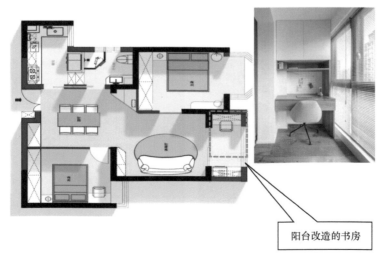

图 7-11　书房与阳台结合

7.4 书房空间陈设设计

一、照明设计

1. 整体照明

书房整体照明的设计方式一般包括主灯设计、射灯或筒灯设计，常规照度 50lx。主灯的出光方式多为面出光，安装简便但缺少层次感，如图 7-12 所示；射灯或筒灯可以在满足整体照明的同时打造空间层次，如图 7-13 所示。

图 7-12 主灯设计 　　　　　　　　　　　　图 7-13 筒灯设计

2. 局部照明

局部照明一般用于书桌或工作台区域，常规照度 300lx，主要有台灯、灯带、射灯或者筒灯。台灯建议采用可调亮度的型号，以便更好地让灯光符合应用需求；如遇到桌面较小的情况，可采用灯带、射灯或者筒灯能节省桌面空间。

3. 装饰照明

装饰照明一般指书柜照明，常规照度 20lx。书柜在书房内占据大部分的视觉焦点，用灯光做空间的媒介，可以让整个空间显得更有氛围，常用灯带和射灯两种照明，如图 7-14 所示。

图 7-14 书房装饰照明

二、书房的家具

书房中除了各类书籍外，还可以放各种摆件，如绘画、雕塑、工艺品等，塑造浓郁的文化气息。许多用品本身如果选择得当，也是不错的装饰，如图 7-15 所示。

图 7-15 书房家具

三、书房的绿植

书房绿植要突出素雅，营造清静宜人的气氛。案桌上可放蟹爪兰、水仙、君子兰、仙客来及文竹等；几架、书柜上可放置佛手、橘子、石榴等观果植物；而桌旁、柜侧、门边则可摆放低矮或中等高度的常绿花木，如图 7-16 所示。

图 7-16 书房绿植

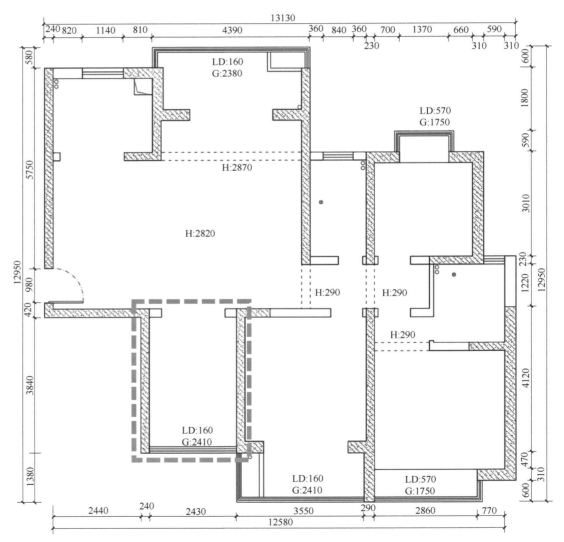

项目实施

一、实施流程

根据给定户型图，结合客户需求，完成书房空间的规划与平面布局、界面设计和陈设设计等。

二、项目背景

该项目位于上海绿地海珀外滩，项目类型为普通住宅，户型为3室2厅2卫，总面积130m^2，层高3m，朝向为南，高楼层（共19层），原始户型平面图如图7-17所示，书房效果图如图7-18所示。

图 7-17　原始户型平面图

图 7-18 书房效果图

三、书房空间设计方案

1. 书房平面布置图（图 7-19）

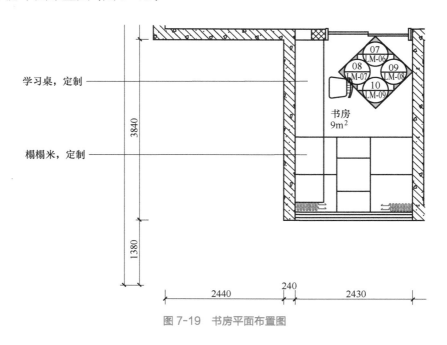

图 7-19 书房平面布置图

2. 书房地面铺装图（图 7-20）

图 7-20　书房地面铺装图

3. 书房顶面布置图（图 7-21）

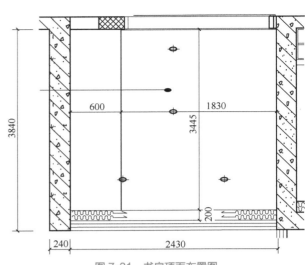

图 7-21　书房顶面布置图

4. 书房立面图（图 7-22）

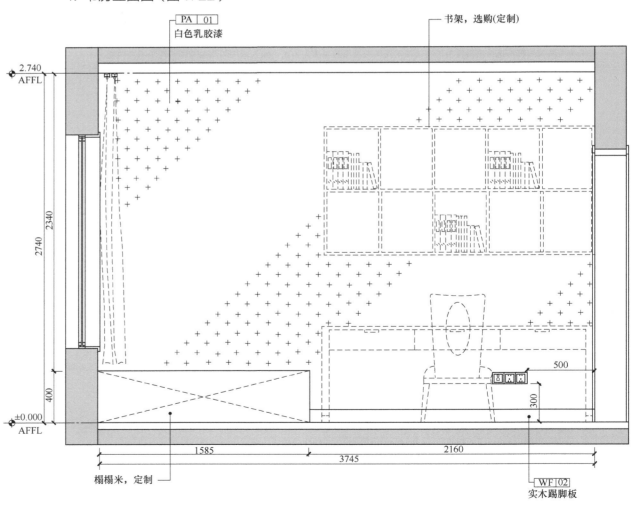

图 7-22　书房立面图

项目八

厨房空间设计

项目概述

本项目主要介绍厨房空间的功能与设计原则、基本要素与尺度、空间规划与平面布局、界面设计与陈设设计，并根据指定户型图，完成厨房空间的规划与平面布局、界面设计和陈设设计等。

8.1 厨房空间功能与设计原则

一、厨房的功能

厨房（图 8-1）具有如下三个主要功能。

（1）服务功能 包括备餐、洗涤、烧煮、存储等。

（2）装饰功能 指厨房设计效果对整个室内设计风格的补充、完善作用。

（3）兼容功能 主要包括可能发生的洗衣、就餐、交际等活动。

图 8-1 厨房

二、厨房的设计要求

1. 厨房的最小使用面积及最小尺寸要求

1）由卧室、起居室（厅）、厨房和卫生间等组成的住宅户型，厨房使用面积不应小于 4.0m²。

2）由兼起居的卧室、厨房和卫生间等组成的住宅最小户型，厨房使用面积不应小于 3.5m²。

3）单排布置设备的厨房，净宽不应小于 1.50m；双排布置设备的厨房，其两排设备之间的净距不应小于 0.90m。

提示：厨房的最小使用面积及最小尺寸，参见《住宅设计规范》（GB 50096—2011）。

2. 符合人体工程学要求

厨房设施和家具与人体的关系非常密切，尺寸的限定因素随着人体高度而变化。操作台面、吊柜、地柜以及厨房设备和器具均要安排在伸手可及的位置。肘部与操作台的距离对工作的舒适度影响重大，在比肘部（上臂垂直，前臂呈水平状）低75mm的操作台面上工作会令人感到舒适省力。

3. 利用充足的照明提高效率

厨房应设置无影和无眩光的照明，并应能集中照射在各个工作中心。除了可调式的吸顶灯作为整体照明外，在橱柜与操作台上安装集中式光源，能有效地提高照明度。厨房整体照明与局部照明结合，如图8-2所示。

图 8-2　厨房整体照明与局部照明结合

三、厨房的设计原则

1. 应有足够的操作空间

在厨房里，要洗涤和配切食品，要有搁置餐具、熟食的周转场所，以及存放烹饪器具和佐料的地方，以保证基本的操作空间。现代厨具生产已走向组合化，应尽可能合理配备。

2. 要有丰富的储物空间

一般家庭厨房可采用组合柜橱，合理利用一切储物空间。组合柜橱下面部分贮存较重、较大的瓶、罐、米、菜等物品，操作台前可延伸设置存放油、酱、糖等调味品及餐具的柜、架，煤气灶、水槽的下面都是可利用的储物空间。

3. 要有充分的活动空间

厨房里的布局是顺着食品的贮存—准备—清洗—烹调这一操作过程安排的，应沿着三项主要设备（即炉灶、冰箱和水槽）组成一个三角形，厨房工作三角示意图如图8-3所示。三角形的三边之和以3600~6600mm为宜，过大和过小都会影响操作。

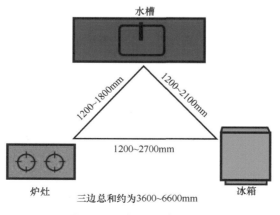

图 8-3　厨房工作三角示意图

8.2 厨房空间基本要素与尺度

一、整体橱柜

现代厨房设计大多采用橱柜、电器、燃气具、厨房功能用具于一体的整体橱柜。相比一般橱柜，整体橱柜的个性化程度更高，厂家可以根据不同需求，设计出不同的整体橱柜，以求实现厨房工作的整体协调。

目前市场上常见的橱柜，高度为820~850mm，台面宽度为610~660mm，吊柜高度通常为670~720mm（不含顶线），吊柜深度通常为320~350mm。橱柜的高度可以根据自己的情况而设计。厨房整体橱柜尺寸如图8-4所示。

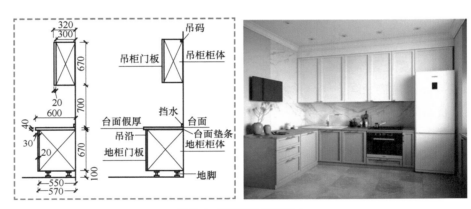

图8-4 厨房整体橱柜尺寸

二、其他厨房电器及设备

1. 水槽

水槽是现代厨房必不可少的元素之一，用于洗菜、洗餐具、清洁厨房。厨房水槽有单槽、双槽、三槽三种。单槽的常见尺寸为600mm×450mm、500mm×400mm；双槽的尺寸一般是880mm×480mm、820mm×450mm。水槽的尺寸在购买前就要先测量好，预留出位置，避免尺寸过大或过小。水槽适合在窗边布置，一来有自然光源方便清洗工作，二来自然通风比较好，水槽使用后易于干燥。厨房水槽如图8-5所示。

2. 炉灶与油烟机

厨房中炉灶与油烟机一般是配套使用的，如图8-6所示。炉灶在烹饪时产生的油烟需要向固定的油烟机排放，所以炉灶的位置由入户的燃气管道与排烟井的位置共同决定，油烟机到排烟井的水平排放距离一般不超过3000mm。燃气灶的尺寸根据不同的型号会存在一定的差异性，双眼灶的长度一般在630~780mm之间。

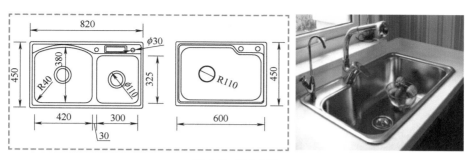

图 8-5　厨房水槽

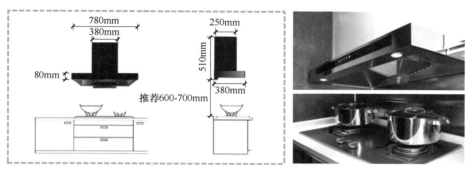

图 8-6　厨房炉灶与油烟机

3. 冰箱

常见的冰箱有单门、多门、双开门等形式，一般尺寸为 550mm×550mm、650mm×650mm、900mm×750mm，设计时周围还需留有一定的散热空间。

4. 其他

现代厨房清洁设备、食物料理设备越来越充分，可根据每个家庭的需求及厨房空间的大小进行选择。相对大型的洗碗机、消毒碗柜、微波炉、烤箱等，都可以选择嵌入式、台面式，或直接购买置物架，但需提前做好水电管线的铺设。洗碗机、微波炉、烤箱如图 8-7 所示。

图 8-7　洗碗机、微波炉、烤箱

知识拓展——整体厨房

整体厨房（图 8-8）是从厨房整体角度出发来考虑设计，解决厨房装修＋橱柜用具（橱柜）＋厨房电器＋厨房水电路改造而进行系统配置后形成的一个有机的整体形式的厨房，体现了功能科学和艺术的完整统一。目前，整体厨房装修已成为家庭装修项目中的一个重要组成部分。

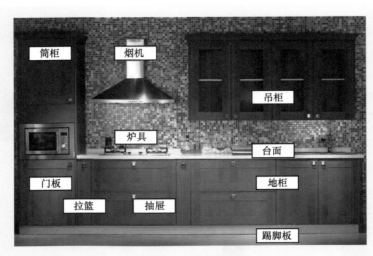

图 8-8　整体厨房

8.3　厨房空间规划与平面布局

厨房空间规划和平面布局的设计以操作台面为主，台面的布置决定空间的利用率。

一、一字型厨房

一字型厨房如图 8-9 所示。空间布局为清洗、配膳与烹调设置于同一工作面上，工作流线呈一条直线。其优点为节省空间，缺点为动线距离较长，适用于开间较窄的厨房。

厨房空间规划与
平面布局

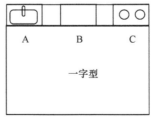

图 8-9　一字型厨房

二、H 型厨房

H 型厨房又称为并列型厨房，沿厨房两侧较长的墙并列布置橱柜，将水槽、燃气灶、操作台设为一边，将配餐台、储藏柜、冰箱等电器设备设为另一边。这种方式可减少来回走动次数，提高厨房工作效率，经济合理，但有时在操作中需要来回转身，略有不便，如图 8-10 所示。

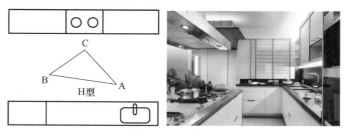

图 8-10　H 型厨房

　　H 型厨房形成围合式操作区，缩短了各工作区的直线距离，操作区内走位灵活，动线迂回，贯穿做饭流程。但是对厨房宽度要求较高，设计不合理容易形成局促压抑的效果。

三、L 型厨房

　　L 型厨房如图 8-11 所示，布局是将清洗、配膳与烹调三大工作中心依次布置于相互连接的 L 型墙壁空间。L 型厨房的工作动线较短且不重复，能比较好地依照"三角形"工作原理，提高效率；但其转角部位的空间利用率较低，两边工作台的长度不宜相差过大，以免降低工作效率。L 型厨房适用于开间较小的空间，是一种比较经济的布局方式。

图 8-11　L 型厨房

四、U 型厨房

　　U 型厨房中，有相邻三面墙均设置橱柜及设备，相互连贯，操作台面长，储藏空间充足，橱柜围合而产生的空间可供使用者站立，左右转身灵活方便。U 型厨房是工作动线距离最短的一种方式。一般适用于面积较大、长宽相似的方形厨房，如图 8-12 所示。

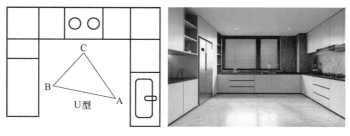

图 8-12　U 型厨房

　　U 型厨房可以形成围合的工作区，空间整体感强，可以放更多的电器，但是两个拐角的空间如果用得不好，就会造成空间的浪费。

五、岛型厨房

在较为开阔的 U 型工作区或 L 型工作区的中央，设置一个独立的方形岛台，四周预留可供人流通的走道空间，这种厨房称为岛型厨房。岛台可以设置成橱柜的形式，在橱柜台面上可单独设置一些其他设施，如灶台、水槽、烤箱等，也可将橱柜作为餐台使用。岛型厨房如图 8-13 所示。

图 8-13　岛型厨房

岛型厨房中，当橱柜面积过小时，可在岛台上处理食物，充当烹饪台，也可充当餐桌，连接餐厅和厨房的空间，增添了空间的交流感；人们在就餐的同时可以互相交流，增添了私语的亲密感。岛型厨房对岛台面积要求高，一般为大户型或者别墅厨房使用。

知识拓展——厨房收纳设计

在厨房中，根据人体动作行为和使用舒适性及方便性要求，把柜体从高度上划分为下部、中部、上部三个区域，厨房收纳设计如图 8-14 所示。

图 8-14　厨房收纳设计

下部高度为 600mm 以下，是地面至人体手臂下垂指尖的垂直区域，存取不便，必须弯腰或蹲下操作，一般存取较重或不常用的物品。

中部高度为 600~1800mm，是以人肩为轴，上肢半径活动的范围，是存取物品最方便、使用频率最高、人视线最易看到的区域。

上部高度为 1800mm 以上，是不易取放物品的高度，需要站在凳子或梯子上，一般用于储藏轻量的不常用物品。

厨房空间界面设计 8.4

一、墙面

厨房的墙面大部分可能被橱柜、操作台或者电器覆盖，其他部位一般使用耐磨、防水、易清洁的瓷砖或石材。从日常清洁维护的角度看，大块面墙砖适合做饭较为频繁的家庭，小块面墙砖适合做饭较少的家庭。厨房的立面设计如图 8-15 所示。

厨房空间界面设计

二、顶面

厨房的顶面相对比较单一，主要用防水、易清洗的金属扣板，也可以用防水涂料。

1. 铝扣板吊顶

铝扣板防水性和阻燃性较好，尤其是铝扣板吊顶与扣板、墙体之间缝隙的密封处理，可

图 8-15　厨房的立面设计

以避免水汽侵入，从而保护厨房墙体，对于厨卫这种湿气较重的空间非常适用。且铝扣板自重相对较轻，对顶部墙体、螺丝杆、主龙骨的压力都较小。厨房铝扣板吊顶如图 8-16 所示。

2. 耐水石膏板吊顶

耐水石膏板吊顶具有无缝隙、无多余线条、整体性强的优势，是一种为适应室内高湿度环境而开发生产的耐水防潮类轻质板材。石膏芯内加入的高效有机疏水剂，以及经过有机防水材料特殊处理的进口护面纸，都极大地改善了石膏板的抗水性和憎水效果。厨房耐水石膏板吊顶如图 8-17 所示。

图 8-16　厨房铝扣板吊顶

图 8-17　厨房耐水石膏板吊顶

三、地面设计

厨房地面不宜选择抛光瓷砖，宜用防滑、耐磨、易于清洗的陶瓷块材地面。常用的材料有瓷砖、石材、木地板等。

8.5 厨房空间陈设设计

一、厨房空间照明设计

厨房要有较高的亮度，而且宜设置局部照明。厨房是家庭中最繁忙、劳务活动最多的地方，厨房的照明特点主要是实用，故应选择合适的照度和显色性较高的光源，一般可选择白炽灯或荧光灯。厨房照明一般把灯具设置在操作台的正上方；当操作台上方有壁柜时，可结合壁柜，在壁柜的下方安装灯具，使灯光照亮下方大块操作台。厨房灯具应满足易清洁的要求，如图 8-18 所示。

二、厨房空间色彩设计

厨房的颜色表现应以清洁、卫生为主。由于厨房在使用中易发生污染，需要经常清洗，因此，颜色应以白、灰色为主。地面颜色不宜过浅，可采用深灰等耐污性好的颜色；墙面宜以白色为主，便于清洁整理；顶部宜采用浅灰、浅黄等颜色。厨房色彩设计如图 8-19 所示。

图 8-18 厨房空间照明设计

图 8-19 厨房色彩设计

项目实施

一、实施流程

根据指定户型图，结合客户需求，完成厨房空间的规划与平面布局、界面设计和陈设设计等。

二、项目背景

该案例位于上海绿地海珀外滩，项目类型为高层住宅，户型为 2 室 2 厅 2 卫，总面积 117m²，层高 3.1m，如图 8-20 和图 8-21 所示。

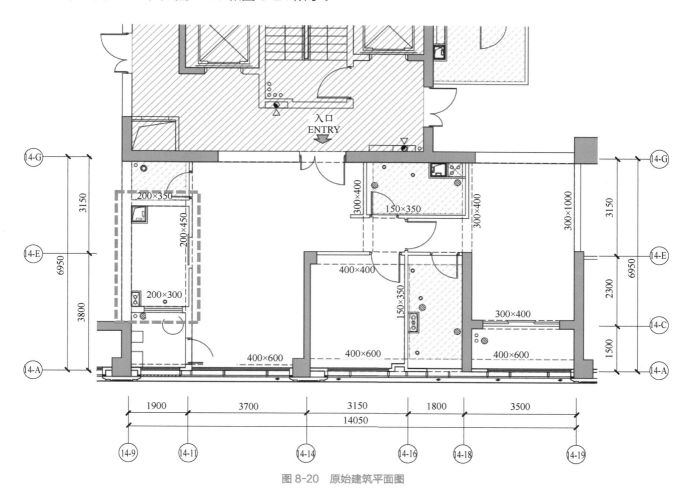

图 8-20　原始建筑平面图

图 8-21　厨房效果图

三、厨房空间设计方案

1. 厨房平面布置图（图 8-22 ）

2. 厨房地面铺装图（图 8-23 ）

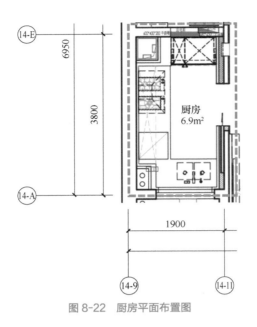

图 8-22　厨房平面布置图

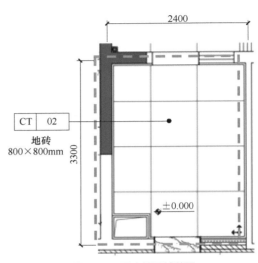

图 8-23　厨房地面铺装图

3. 厨房顶面布置图（图 8-24 ）

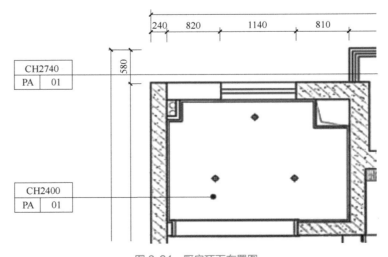

图 8-24　厨房顶面布置图

4. 厨房立面图（图8-25）

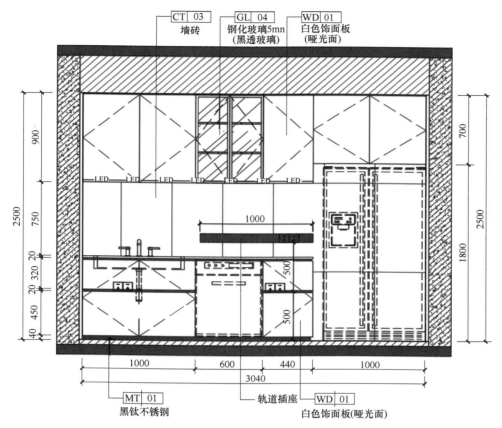

图 8-25　厨房立面图

项目九

卫生间空间设计

项目概述

本项目主要介绍卫生间空间的功能与设计原则、基本要素与尺度、空间规划与平面布局、界面设计与陈设设计，并根据给定户型图，完成卫生间空间的规划与平面布局、界面设计和陈设设计等。

卫生间空间功能与设计原则　9.1

一、卫生间功能

卫生间的功能主要包括便溺、盥洗、沐浴。卫生间主要活动及相应设备，如图 9-1 所示。

卫生间设计概述

图 9-1　卫生间主要活动及相应设备

二、卫生间设计原则

卫生间设计需要遵循以下原则。

1）有适当的面积，满足设备、设施的功能和使用要求。

拓展知识——卫生间面积要求

根据《住宅设计规范》（GB 50096—2011）的规定，三件卫生设备集中配置的卫生间的使用面积不应小于 2.50m²。

卫生间可根据使用功能要求组合不同的设备。不同组合的空间使用面积应符合下列规定：

（1）设便器、洗面器时不应小于 1.80m²。

（2）设便器、洗浴器时不应小于 2.00m²。

（3）设洗面器、洗浴器时不应小于 2.00m²。

（4）设洗面器、洗衣机时不应小于 1.80m²。

（5）单设便器时不应小于 1.10m²。

2）设备、设施的布置及尺度，要符合人体工程学的要求。

3）注意空间的划分，创造良好的室内环境。

4）卫生间的装饰设计不应影响卫生间的采光、通风效果，电线和电器设备的选用和设置应符合电器安全规程的规定。

5）墙、地面应考虑防水、便于清洁。卫生洁具的选用应与整体布置协调。

9.2 卫生间空间基本要素与尺度

一、便溺模块

便溺模块包括坐便器和蹲便器。在现代家庭中，如无特殊要求，一般设置坐便器；当家中有两个以上卫生间时，客卫可以设置蹲便器。便器的尺寸大小应满足人体工程学原则，同时也和如厕空间大小、排水方式等因素有关。坐便器和蹲便器的常见尺寸如图 9-2 所示。布置坐便器卫生间的空间尺度要求如图 9-3 所示。

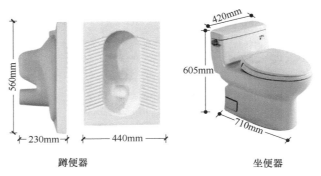

图 9-2 坐便器和蹲便器的常见尺寸

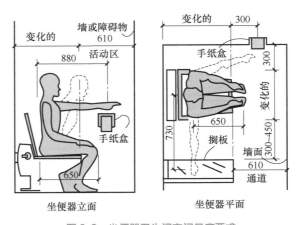

图 9-3 坐便器卫生间空间尺度要求

知识拓展——智能马桶

　　跟普通马桶比较，智能马桶能让用户更加舒适、贴心、健康。智能马桶最初只设置有温水洗净功能，主要应用于医疗和老年保健领域，随着技术的改进，智能马桶具有更多功能，并逐渐进入平常百姓家。

　　（1）自动感应功能：自动感应功能包括自动开合功能、自动冲水功能以及自动清洗喷嘴功能等。

　　（2）座圈加热功能：智能马桶的座圈一般具有加热功能，通过安装在座圈内的发热件，使座圈均匀加热。此外，一般会有座温开关，能实现座圈温度的调节。即使寒冷的天气里，也能感到温暖舒适。

　　（3）臀部清洗功能：如厕后，可以选择臀部清洗功能，然后智能马桶的喷雾会喷出水柱，清洗使用者的臀部。相比于使用卫生纸，用水清洗更加干净卫生。

　　（4）妇洗功能：妇洗功能是专为女性日常卫生设计的，由女性专用喷雾嘴喷出温水，温水喷洒相对柔和。

　　（5）暖风烘干功能：使用智能马桶的臀部清洗功能之后，可以选择智能马桶的暖风烘干功能，利用温暖舒适的暖气流令臀部恢复干爽。

　　（6）通便功能：一些智能马桶带有通便功能。通便功能是利用超强水压，将带有清新气泡的温水射入直肠，有利于快速排便，同时可以洗净肠内各种细菌，方便便秘患者使用。

　　（7）自动除臭功能：智能马桶一般利用冷触媒对异味进行处理，净化空气，使得使用者在使用时和使用后都不必受异味困扰。

　　（8）微光照明功能：不少智能马桶还带有人性化的微光照明功能，夜晚即使不开灯，智能马桶内发出的柔和灯光，也能让人轻松使用智能马桶。

　　二、盥洗模块

　　盥洗模块一般由盥洗台与相对应的墙面化妆镜或者镜柜组成。盥洗台一般宽度为550~650mm，容纳单盆的台面最小长度在800mm以上，双盆的长度在1400~2000mm左右，人站在盥洗台前的活动空间为500mm左右，人在大于760mm的通道内行走较为舒适，而盥洗台的高度在850mm时使用较为舒适。台面上方化妆镜的高度一般为1800mm，宽度与台面一致。在无特定的储物间时，也可在盥洗台下设置收纳柜，宽度不超过台面，一般维持在450~550mm为宜，如图9-4所示。

　　由于盥洗模块在卫生间中属于相对比较干燥的区域，加上使用频率高，因此一般靠近卫生间门口而设。

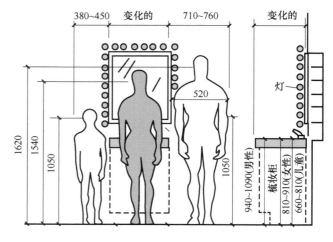

图9-4　盥洗模块的空间尺度要求

三、洗浴模块

洗浴模块的基础设施是提供淋浴功能的淋浴间与淋浴花洒，在中型或者大型的卫生间中，可以设置休闲洗浴的浴缸或者其他形式的洗浴设施。

1. 淋浴间

淋浴间有长方形、钻石形或者圆弧型，多采用铝合金或者不锈钢固定连杆加钢化玻璃形成整个围蔽结构，然后装在相同形状的挡水条上，如图 9-5 所示。

图 9-5　不同形式的淋浴间

一般的淋浴间会考虑在角落安放，人在洗浴时活动的最小宽度为 800mm，所以淋浴间内部宽度设计不低于这个 800mm。淋浴间基本尺度如图 9-6 所示。

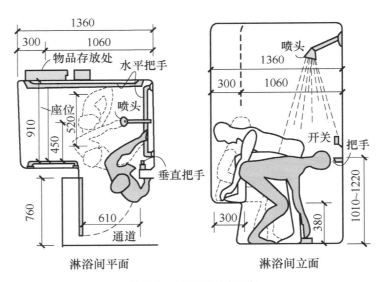

图 9-6　淋浴间的基本尺度

2. 淋浴花洒

淋浴花洒（图 9-7）根据功能的不同分为手持式、顶喷淋式和定点式，根据安装方式不同分为明装式和暗装式。淋浴花洒的高度要高于普通人的身高。

图 9-7　淋浴花洒

3. 浴缸

浴缸有时与淋浴间相邻而设，有时会为了设置在卫生间的景观窗边而与淋浴间分离。浴缸的大小要和卫生间的面积相宜。浴缸基本尺度如图 9-8 所示。浴缸根据功能不同分为普通浴缸和按摩浴缸，通常按摩浴缸体积较大；根据形态不同分为独立式和嵌入式。选择何种形式与形状的浴缸要视卫生间的空间大小与设计风格而定。

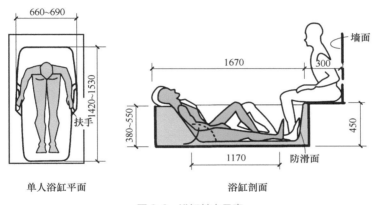

单人浴缸平面　　　　　　　　浴缸剖面

图 9-8　浴缸基本尺度

卫生间空间规划与平面布局 9.3

卫生间平面布局方式一般可分为独立型、折中型和兼用型三种。

一、独立型

便溺、盥洗、洗浴等各自独立的卫生间称为独立型卫生间。独立型卫生间的优点是各室可以同时使用，特别是在高峰期可以减少互相干扰，各室功能明确，使用起来方便、舒适。缺点是空间面积占用多，建造成本高，如图 9-9a 所示。

卫生间空间规划
与平面布局

二、折中型

基本设施设备部分独立、部分设置于一室的卫生间称为折中型卫生间。折中型卫生间的优点是相对节省一些空间，组合比较自由，缺点是设置于一室的设施设备有互相干扰的现象，如图 9-9b 所示。

三、兼用型

把便溺、盥洗、洗浴等模块集中在一个空间中的卫生间称为兼用型卫生间。

兼用型卫生间的优点是节省空间、经济、管线布置简单等。缺点是设施设备使用会互相干扰；此外，面积较小时，贮藏等空间很难设置，不适合人口多的家庭。兼用型卫生间中一般不适合放洗衣机，因为入浴产生的湿气会影响洗衣机的寿命，如图 9-9c 所示。

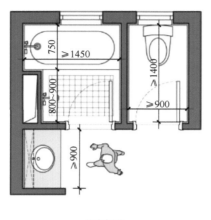
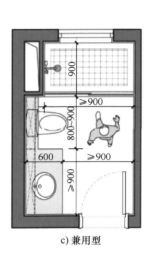

a) 独立型   b) 折中型   c) 兼用型

图 9-9　卫生间平面布局方式

除了上述几种方式以外，卫生间还有许多更加灵活的布局方式，这主要是因为现代人给卫生间注入新概念，增加许多新要求。

知识拓展——干湿分离

近年来卫生间干湿分离设计理念普遍为大众所接受。干湿分离就是将卫生间的淋浴功能区域与其他功能区域分开，避免交叉用水带来的弊端，并且减少卫生间墙面及地面长期处于水汽凝结的环境中。干湿分离主要途径如图 9-10 所示。

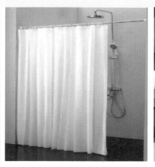

a) 使用浴帘暂时分离   b) 利用墙体隔绝湿气   c) 用淋浴房、玻璃隔断

图 9-10　卫生间干湿分离主要途径

卫生间干湿分离的方式主要有三种：四式分离、三式分离、二式分离。不同方式适用的房间面积大小不同，在卫生间设计时需要根据现实情况来定，见表 9-1。

表 9-1　卫生间干湿分离方式

分类	分离方式	特点	空间布局示例	面积
四式分离	将洗漱区、如厕区、沐浴区和洗衣区四个部分一一分离	功能区同时使用互不干扰，对于用电区域更加安全友好，但对面积要求非常高		≥ 8m²
三式分离	将沐浴区、如厕区、洗漱区分离，将洗衣机并入上述三个区域的干区内	满足基本干湿分离要求，使用效率高，适合家庭人数较多的公共卫生间		≥ 5m²
三式分离	将沐浴区、如厕区、洗漱区分离，洗衣功能并入生活阳台、厨房、洗衣房等区域			≥ 5m²
二式分离	将沐浴区和如厕区分离，将洗漱区并入如厕区中。卫生间不包含洗衣区域	经济适用		≥ 2m²
二式分离	将洗漱区分离开来，沐浴区和如厕区合并在一起，是目前最常见的分离方式	面积较小，但湿区仍需进一步分隔		≥ 2m²

9.4 卫生间空间界面设计

一、顶面

卫生间顶面是水蒸气凝结的场所，很容易发霉，需要选择防水、耐热的材料。卫生间吊顶一般会选择铝扣板、亚克力板等材料，或者集成吊顶，以满足防水、防潮要求。卫生间集成吊顶相对于普通吊顶而言，具有美观、耐用等优点，逐渐成为吊顶设计的主流。集成吊顶是金属方板与电器的组合，分为取暖模块、照明模块、换气模块，如图 9-11 所示。

图 9-11　卫生间集成吊顶

二、地面

卫生间地面一般需要防水、易清洁的瓷砖、石材等，同时还要注意防滑。卫生间地面高度应该低于其他地面 10~20mm，地漏则应该低于地面 10mm 左右，以便排水。

知识拓展——卫生间地漏

地漏是连接排水管道系统与室内地面的重要接口，作为住宅中排水系统的重要部件，它的性能好坏直接影响室内空气的质量，对卫生间的异味控制非常重要。正确地选择地漏是当代家居卫生间设计中很小却很重要的部分。以前地漏选择需重点考虑防臭、排水量、过滤功能、使用时间、使用地点这五个方面的指标，而现在人们在选择地漏的时候还会考虑其防干涸和防返溢功能。

三、立面

卫生间立面材料的防水性要求很高，同时还需要有很好的抗腐蚀、抗霉变性能，主要材料有容易清洗的瓷砖、大理石、马赛克等。这些材料花色多样，可拼贴出丰富漂亮的图案，而且光洁平整，又便于干燥。需要注意的是，墙面材料的色彩要与地面材料和谐统一。

卫生间空间陈设设计 9.5

一、装饰品

在卫生间内可放置绿植，但需注意最好选用耐阴、耐潮湿的植物，如羊齿类植物等，此外吊兰和四季海棠也较适宜。选择用水苔代替泥土作填充，或用树皮与水苔混植羊齿类植物，则更能增添情趣。在洗漱区内，一些精美别致的化妆品是独具特色的陈设品，应摆放适当以充分发挥其装饰美化的作用。

在卫生间中，卫生洁具也可作为重要的陈设。高档的卫生洁具无论是造型、色彩，还是质感、触感，都经过精心设计、严格加工，具有较高的审美价值。

装饰画及艺术陶瓷是卫生间中很重要的装饰陈设，艺术性强的瓷片可运用在卫生间墙面上，如图 9-12 所示。

图 9-12　卫生间绿植和艺术陶瓷

二、照明

1. 设计原则
卫生间照明在设计时，需要注意以下几点。

（1）美观性　合理美观的照明设计是卫生间的"门面"。在设计卫生间照明时，要注意照明灯具的美观性，尽量选用造型别致、有特点的灯具。另外，照明光线的指向性不宜太强，也不宜太散。光线指向性太强，会对人眼球形成强烈的刺激；光线太散，缺乏亮度变化，则显得平淡，如图 9-13 所示。

图 9-13　卫生间照明

（2）安全性　用电安全是卫生间照明在设计时要保证的首要前提。所用照明灯具都要进行防水处理，电线要包裹完全，线头绝对不能裸露在外。

（3）节能性　在设计卫生间照明的时候，应尽量使用高光效、高效率、低耗能的灯具。

（4）健康性　在设计卫生间照明的时候，需要考虑照明对人体健康可能造成的影响。灯光的亮度不宜过于明亮、强烈，应尽量选用暖色灯。

2. 照明设计方法

一般卫生间照明采用整体照明和局部照明相结合的方式。卫生间的整体照明应采用不易产生眩光的灯具。有吊顶的卫生间，应将灯具设置于吊顶底面以上的棚内空间中。通过吊顶底面的窗孔投射光源，并在窗孔上覆以半透明材料制成的罩片，使之产生柔和的散射光线。

卫生间常用的灯具有以下几种。

（1）吸顶灯　吸顶灯常作为卫生间照明的主灯源。吸顶灯有向下投射、散光及全面照明等几种灯型，面积较大的卫生间可以选用全面照明型吸顶灯。

（2）壁灯　壁灯在卫生间一般作为辅助照明光源。壁灯的亮度一般不宜太高，主要用于营造温馨的氛围。

（3）射灯　射灯一般在卫生间洗手台附近，沿着镜子边缘安装。射灯一般作为局部光源，当人们有需要时，可提升局部空间的照明亮度。

（4）筒灯　筒灯一般装设在卫生间的周边顶面上。卫生间筒灯应具有防水防爆功能。

项目实施

一、实施流程

根据给定户型图，结合客户需求，完成卫生间空间的规划与平面布局、界面设计和陈设设计等。

二、项目背景

该案例位于上海绿地海珀外滩，项目类型为高层住宅，户型为 2 室 2 厅 2 卫，总面积 117m²，层高 3.1m。原始户型平面图如图 9-14 所示，卫生间原始平面图如图 9-15 所示，卫生间效果图如图 9-16 所示。

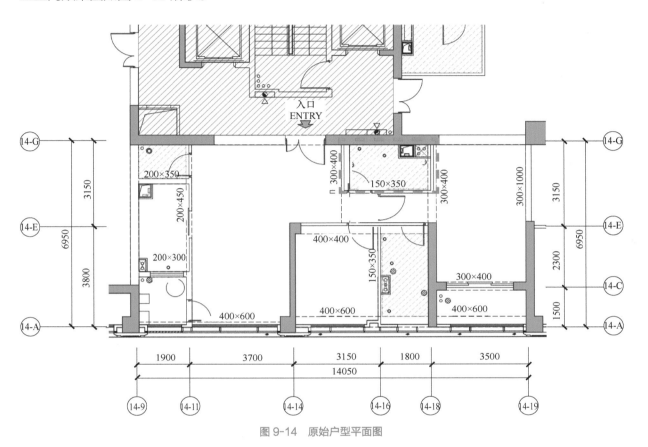

图 9-14　原始户型平面图

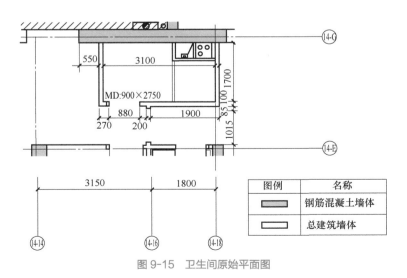

图 9-15　卫生间原始平面图

图例	名称
	钢筋混凝土墙体
	总建筑墙体

图 9-16　卫生间效果图

141

三、卫生间空间设计方案

1. 卫生间平面布置图（图 9-17）
2. 卫生间地面铺装图（图 9-18）

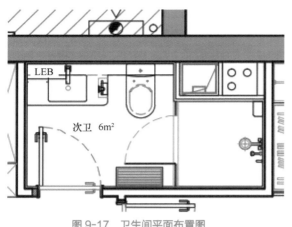

图 9-17　卫生间平面布置图

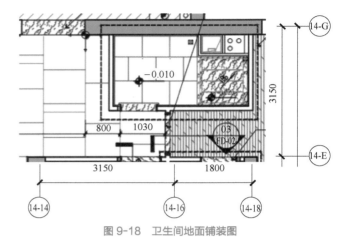

图 9-18　卫生间地面铺装图

3. 卫生间顶面布置图（图 9-19）

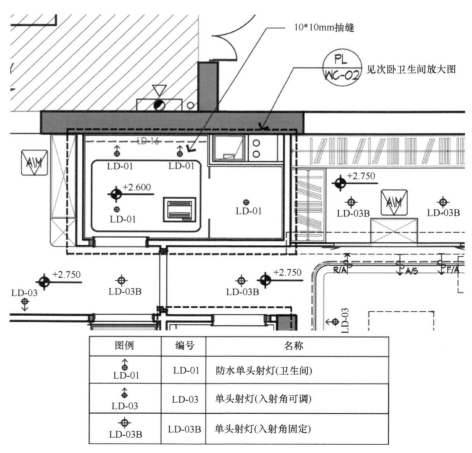

图例	编号	名称
⬆ LD-01	LD-01	防水单头射灯(卫生间)
⬆ LD-03	LD-03	单头射灯(入射角可调)
⊕ LD-03B	LD-03B	单头射灯(入射角固定)

图 9-19　卫生间顶面布置图

4．卫生间洗漱台立面图（图9-20）

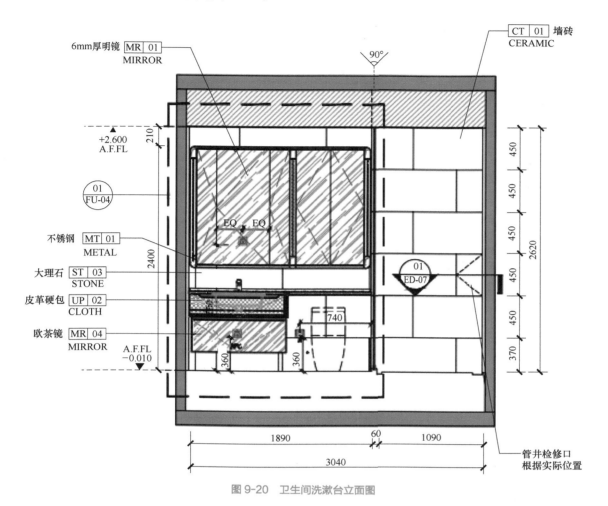

图 9-20　卫生间洗漱台立面图

项目十

玄关和阳台空间设计

项目概述

本项目主要介绍玄关和阳台空间的功能与设计原则、基本要素与尺度、空间规划与平面布局、界面设计、陈设设计，并根据给定户型图，完成玄关和阳台空间的规划与平面布局、界面设计和陈设设计。

玄关设计 | 10.1

一、玄关设计概述

玄关又称门厅，是从户外进入室内的必经之处，是联系室内外的缓冲空间，也是一个概念性的过渡空间。一般情况下玄关的面积狭小，使用频率较高，是与主空间相连的交通暂留地。它不仅具有使用功能，也具有装饰作用，如图 10-1 所示。

玄关空间布局与规划

知识拓展——传统建筑中的玄关

中国传统建筑中的玄关常用屏风或中门（位于门后室内正中的屏门）隔开门口和大厅，有些住宅会在玄关位置放置椅子。一些以独立建筑为正门的宅院，入口大门内的位置就是玄关。

二、玄关空间功能与设计原则

1. 玄关的功能

玄关的功能主要包括临时存放物品、简单会客、换鞋整理衣着等，如图 10-2 所示。

图 10-1　玄关

图 10-2　玄关功能

2. 玄关的设计原则

（1）私密性原则　玄关是进入室内后的一块视觉屏障，防止外人进门后整个居室尽收眼底；玄关也是家人进出门时停留的回旋空间，玄关的设计应充分考虑与总体空间呼应。玄关区域应与会客区域有较好的结合性与过渡性，让人有足够的流动空间。

（2）功能性原则　玄关应具有基本功能性（大户型中的观赏性玄关除外）。

（3）美观性原则　玄关是居室空间给人的第一印象，在材料以及颜色运用上应尽可能做到美观统一，让人轻松自在，如图 10-3 所示。

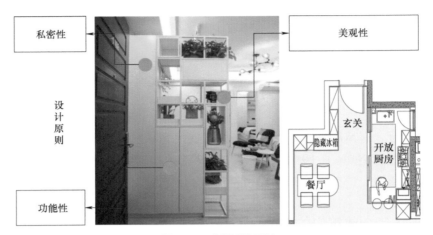

图 10-3　玄关设计原则

三、玄关空间基本要素与尺度

1. 玄关的设计类型

玄关设计类型如图 10-4 所示。

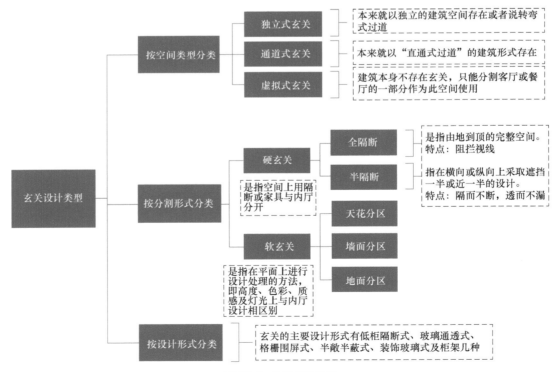

图 10-4　玄关设计类型

2. 玄关的设计尺度

玄关的基本尺寸如图 10-5 所示。

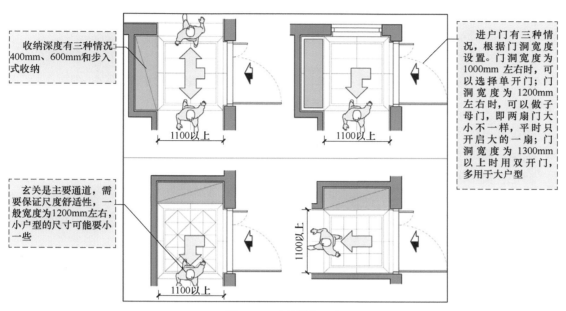

图 10-5　玄关基本尺寸

玄关尺度（图 10-6）的具体要求如下。

1）考虑照顾老人撑扶、借力等行为活动时，玄关走道尺寸应≥750mm。

2）满足一人穿鞋、一人通过的情况下，玄关走道尺寸应≥1000mm。

3）满足一人穿鞋、一人开鞋柜门取物品的情况，以及一人穿鞋、另外两人侧身通过的情况时，玄关走道尺寸应≥1100mm。

4）主人接收礼物或送别客人时侧身引路的情况下，玄关走道尺寸应≥900mm。

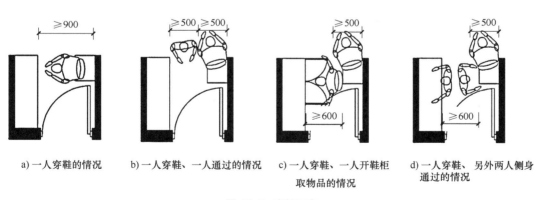

a) 一人穿鞋的情况　　b) 一人穿鞋、一人通过的情况　　c) 一人穿鞋、一人开鞋柜取物品的情况　　d) 一人穿鞋、另外两人侧身通过的情况

图 10-6　玄关尺度

3. 玄关家具尺度

玄关内可以组合的家具通常有鞋箱、壁橱、衣帽柜、风雨柜、镜子、小坐凳等，在设计时应因地制宜，充分利用空间。例如吊柜 + 地柜 + 鞋凳 + 高柜 + 装饰柜组合的玄关设计案例，如图 10-7 所示。

图 10-7　吊柜＋地柜＋鞋凳＋高柜＋装饰柜

各设施常用尺寸如下。

吊柜：离地 1500~1600mm，高 900~1400mm。

地柜：高 900~1100mm。台面放置高频率使用物品。底部悬空 150~200mm，摆放常更换的鞋子。

高柜：高 2200~2700mm，根据情况可定制，柜门可做全身镜、集成鞋柜、收纳柜等。

鞋凳：高 380~450mm。

装饰柜：高 2200~2700mm，开放式集展示与收纳于一体，深度 290~450mm，如图 10-8 所示。

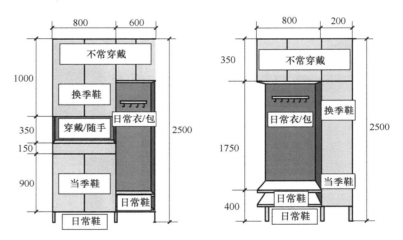

图 10-8　玄关柜体常用尺寸

知识拓展

《住宅设计规范》(GB 50096—2011) 中规定："套内入口过道净宽不宜小于 1.2m"。这也看作是玄关的"底线"。如果低于这个"底线"，就会让人产生不舒服的感觉。一般顶面不宜太高，吊顶部分应相对低一些，高度尺寸应该在 2.5~2.57m、2.62~2.65m，或者 2.7~2.76m 之间，令家居高度错落变化；三口之家，可在玄关设置一个 0.4~0.5m 宽、1.5m 长的衣鞋柜组合，放置平时的外衣和鞋。

四、玄关空间规划与平面布局

玄关布局大致可分为三种：入墙式、开放式、隔断式，可根据不同的空间结构进行规划。

1. 入墙式布局

入墙式玄关也称为内嵌式玄关，主要利用墙体进行空间局部改造。常见的做法是在不影响墙体承重性能的前提下，将部分墙体挖空，然后定制玄关柜，确保柜面与墙面持平，视觉上可起到弱化柜体的作用，从而增强空间整体感。这种玄关布局的优势是能最大限度地节省空间，避免柜体占用过多通行区域。这种嵌入式的设计也规避了卫生死角，降低了卫生清洁的难度，如图 10-9 所示。

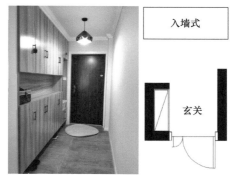

图 10-9　入墙式布局

2. 开放式布局

开放式布局是与入墙式布局完全相反的一种布局方式，最大限度将玄关空间打开，空间还可以把它让渡给其他空间，更显宽敞通透，而且也拥有更强的装饰性和收纳性能。这种布局的优点是外形美观，收纳方便，但是对收纳要求也更高，不建议堆放过多物品，否则很容易显得凌乱，如图 10-10 所示。

3. 隔断式布局

隔断式布局既能遮挡视线、保护家居隐私，减少空间压抑感，也能保障空间的通透感，实现隔而不断的装饰效果，比较适合面积小以及自然采光差的户型。根据隔断材料的不同，隔断式布局又可以细分为木质、铁艺、玻璃等几种，还可以采用上隔断、下柜体的设计，如图 10-11 所示。

图 10-10　开放式布局

图 10-11　隔断式布局

五、玄关空间界面设计

1. 顶面

玄关的空间往往比较局促，容易产生压抑感。但通过局部的吊顶配合，往往能改变玄关空间的比例和尺度。通过设计，玄关吊顶往往成为极具表现力的室内一景。它可以是自由流畅的曲线，也可以是层次分明、凹凸变化的几何体，还可以是大胆露骨的木龙骨，上面悬挂点点绿意。需要把握的原则是：简洁、整体统一、有个性，并且要将玄关和客厅的顶面结合起来。

2. 立面

玄关的立面往往与人的视距很近，只作为背景烘托。设计时重在点缀达意，切忌堆砌重复，且色彩不宜过多。

3. 地面

该区域可与客厅区分开来，适当点缀，也可与客、餐厅融成一体（通常与客、餐厅使用同一种地面材料）。设计时需注意使玄关地面易保洁、耐用和美观。

六、玄关空间陈设设计

1. 小饰品陈设和绿化

玄关的小饰品陈设和绿化布置，能从不同角度体现主人的爱好、学识、品味、修养。此处的装饰物，主要起到烘托气氛的作用，但要求少而精，重在点题，如图 10-12 所示。

图 10-12　小饰品玄关陈设和绿化

2. 灯光设计

玄关自然光较弱，应辅以足够的人工照明。玄关的照明应柔和明亮，光色偏暖，模拟日光为宜，配置艺术吊顶或吸顶灯，可以根据顶面造型安装灯带，镶嵌射灯、筒灯、壁灯、荧光灯作为辅助光源，保证玄关内有较好的亮度，根据不同的位置安排，营造主人想要的理想生活空间，如图 10-13 所示。

图 10-13　玄关灯光设计

阳台设计 | **10.2**

一、阳台设计概述

阳台是户外与户内的过渡性空间，可供人们休息、观景、活动等。阳台设计中，其挑出长度应满足结构抗倾覆的要求，以保证结构安全。阳台栏杆（板）构造应坚固、耐久和适用、美观。

阳台空间布局与规划

图 10-14　阳台的组成

1. 阳台的组成

阳台的组成包括承重结构的挑梁、阳台板和封口梁（边梁）以及围护部分的栏杆或栏板、扶手，如图 10-14 所示。

2. 阳台的类型

阳台按其与墙面的关系不同可以分为凸阳台、凹阳台、半凸半凹阳台，如图 10-15 所示。

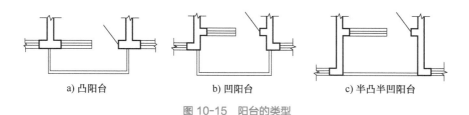

a) 凸阳台　　　　　　　b) 凹阳台　　　　　　c) 半凸半凹阳台

图 10-15　阳台的类型

二、阳台空间功能与设计原则

1. 阳台的功能

根据功能不同，阳台有生活阳台和服务阳台两种。

生活阳台是指供居住者接受光照，呼吸新鲜空气，进行户外锻炼、观赏、纳凉等休闲活动的场所，一般与客厅或卧室相连。

服务阳台主要用于洗衣、晒衣、贮物、堆放闲置物品，甚至加装窗户后另作他用。服务阳台一般与厨房相连，如图 10-16 所示。

2. 阳台的设计原则

阳台的设计原则：首先应该满足安全、坚固的要求，其次是适用、美观的需要。

根据《住宅设计规范》（GB 50096—2011）的规定，阳台应采取有组织排水措施。当阳台设有洗衣设备时，应设置专用给排水管线及专用地漏，阳台楼、地面均应做防水。严寒和寒冷地区应封闭阳台，并应采取保温措施。

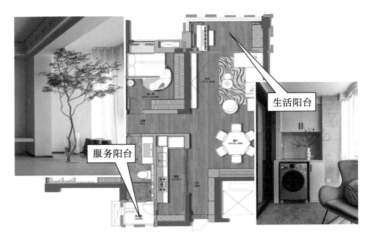

图 10-16　阳台的功能

知识拓展——阳台水电布局要点

（1）电位

① 洗衣机正后方不建议铺设水电，以免影响洗衣机摆放和使用安全。

② 上插座离地高度 1200mm 最佳，电源线从台面开孔穿过。

③ 下插座离地高度 600mm 最佳，选择带防护罩的插座且位置高于进水口。

（2）进水

① 上进水口离地高度 1000mm 最佳，水管从台面开孔穿过。

② 下进水口离地高度 400mm 最佳。

③ 只有 1 个进水口，且有多台进水设备时，使用一分二接头或一分二角阀。

（3）排水

① 阳台排水分两类：直排管和地漏。

② 只有 1 个排水口，且有多台排水设备时，使用排水三通或排水四通。

 项目实施

一、实施流程

根据给定户型图，结合客户需求，完成玄关和阳台空间的规划与平面布局、界面设计和陈设设计等。

二、项目背景

该案例位于上海绿地海珀外滩，项目类型为高层住宅，户型为 2 室 2 厅 2 卫，总面积 117m²，层高 3.1m。

（1）原始户型平面图（图10-17）

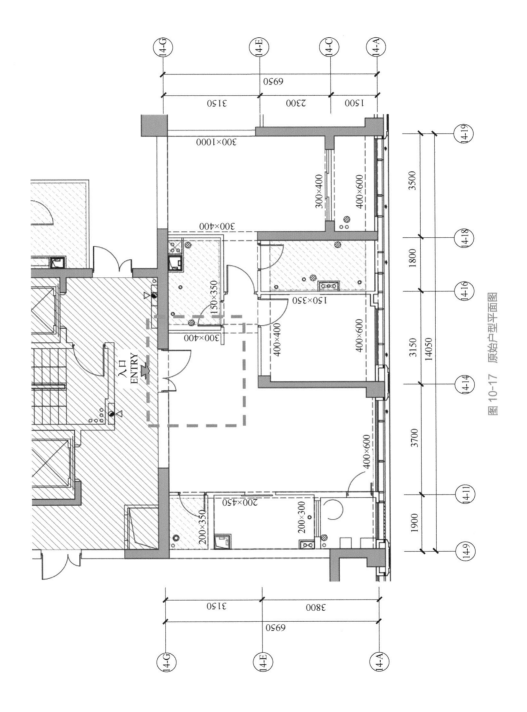

图10-17 原始户型平面图

（2）玄关平面布局图（图10-18和图10-19）

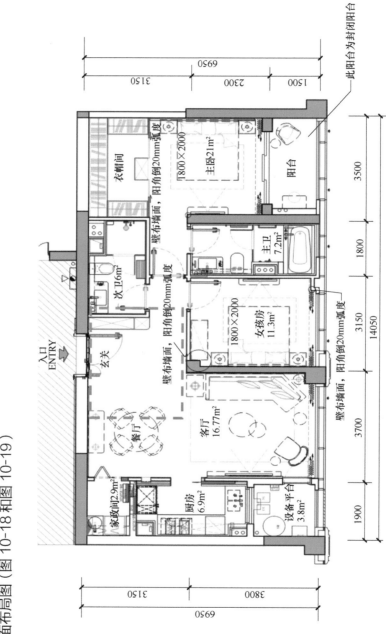

图10-18 玄关平面布局图

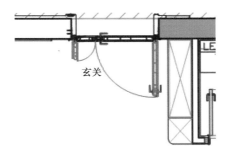

图 10-19　玄关平面布局图（局部）

（3）阳台平面布局图（图 10-20 和图 10-21）

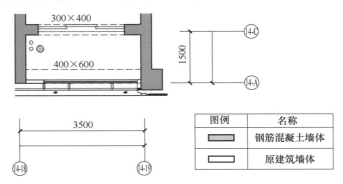

图例	名称
	钢筋混凝土墙体
	原建筑墙体

图 10-20　阳台平面布局图

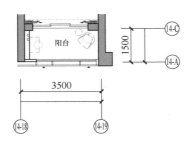

图 10-21　阳台平面布局图（局部）

三、玄关、阳台空间设计方案

1. 玄关

（1）玄关地面铺装图（图 10-22）

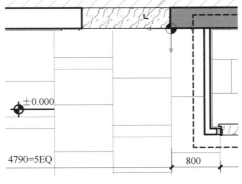

图 10-22　玄关地面铺装图

（2）玄关顶面布置图（图10-23）

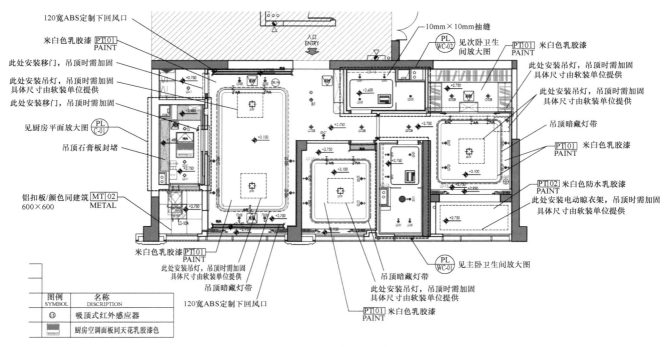

图 10-23　玄关顶面布置图

（3）玄关入户门立面图（图10-24）

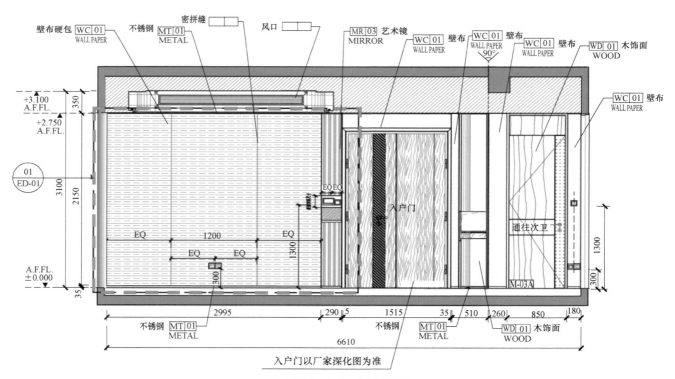

图 10-24　玄关入户门立面图

（4）玄关效果图（图 10-25）

图 10-25　玄关效果图

2. 阳台

（1）阳台地面铺装图（图 10-26）

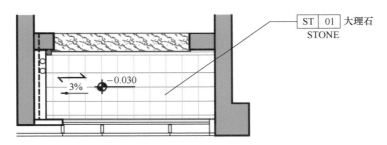

ST 01 大理石
STONE

3% ─0.030

图 10-26　阳台地面铺装图

（2）阳台顶面布置图（图 10-27）

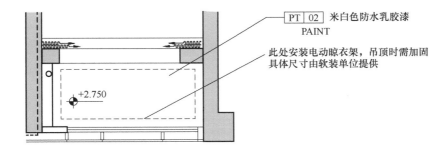

PT 02 米白色防水乳胶漆
PAINT

此处安装电动晾衣架，吊顶时需加固
具体尺寸由软装单位提供

+2.750

图例	编号	名称
◆	LD-03B	单头射灯(入射角固定)

图 10-27　阳台顶面布置图

（3）阳台效果图（图 10-28）

图 10-28　阳台效果图

参 考 文 献

[1] 郑曙旸.室内设计：构思与项目［M］.北京：中国建筑工业出版社，2016.

[2] 理想·宅.室内设计数据手册：空间与尺度［M］.北京：化学工业出版社，2019.

[3] 刘超英.建筑装饰专业毕业设计指导书［M］.2版.北京：中国建筑工业出版社，2018.

[4] 陈乔.建筑工程识图与构造［M］.武汉：中国地质大学出版社，2017.

[5] 刘超英.建筑装饰装修材料·构造·施工——课程学习指南及实训课题集［M］.北京：中国建筑工业出版社，2009.

[6] 罗良武.建筑装饰装修工程制图识图实例导读［M］.北京：机械工业出版社，2010.

[7] 胡向磊.建筑构造图解［M］.2版.北京：中国建筑工业出版社，2019.

[8] 覃琳，魏宏杨，李必瑜.建筑构造：上册［M］.北京：中国建筑工业出版社，2019.

[9] 朱颖心.建筑环境学［M］.4版.北京：中国建筑工业出版社，2016.